Computer Science Library-8

コンピュータネットワーク入門
―TCP/IP プロトコル群とセキュリティ―

小口正人 著

サイエンス社

Computer Science Library
編者まえがき

　コンピュータサイエンスはコンピュータに関係するあらゆる学問の中心にある．コンピュータサイエンスを理解せずして，ソフトウェア工学や情報システムを知ることはできないし，コンピュータ工学を理解することもできないだろう．

　では，コンピュータサイエンスとは具体的には何なのか？　この問題に真剣に取り組んだチームがある．それが米国の情報技術分野の学会である ACM（Association for Computing Machinery）と IEEE Computer Society の合同作業部会で，2001 年 12 月 15 日に Final Report of the Joint ACM/IEEE-CS Task Force on Computing Curricula 2001 for Computer Science（以下，Computing Curricula と略）をまとめた．これは，その後，同じ委員会がまとめ上げたコンピュータ関連全般に関するカリキュラムである Computing Curricula 2005 でも，その中核となっている．

　さて，Computing Curricula とはどのような内容なのであろうか？　これは，コンピュータサイエンスを教えようとする大学の学部レベルでどのような科目を展開するべきかを体系化したもので，以下のように 14 本の柱から成り立っている．Computing Curricula では，これらの柱の中身がより細かく分析され報告されているが，ここではそれに立ち入ることはしない．

Discrete Structures (DS)	Human-Computer Interaction (HC)
Programming Fundamentals (PF)	Graphics and Visual Computing (GV)
Algorithms and Complexity (AL)	Intelligent Systems (ItS)
Architecture and Organization (AR)	Information Management (IM)
Operating Systems (OS)	Social and Professional Issues (SP)
Net-Centric Computing (NC)	Software Engineering (SE)
Programming Languages (PL)	Computational Science and Numerical Methods (CN)

　一方，我が国の高等教育機関で情報科学科や情報工学科が設立されたのは 1970 年代にさかのぼる．それ以来，数多くのコンピュータ関連図書が出版されてきた．しかしながら，それらの中には，単行本としては良書であるがシリーズ化されていなかったり，あるいはシリーズ化されてはいるが書目が多すぎて総花的であったりと，コンピュータサイエンスの全貌を限られた時間割の中で体系的・網羅的に教授できるようには構成されていなかった．

編者まえがき

そこで，我々は，Computing Curricula に準拠し，簡にして要を得た教科書シリーズとして「Computer Science Library」の出版を企画した．それは，以下に示す 18 巻からなる．読者は，これらが Computing Curricula の 14 本の柱とどのように対応づけられているか，容易に理解することができよう．これは，最近気がついたことだが，大学などの高等教育機関で実施されている技術者養成プログラムの認定機関に JABEE（Japan Accreditation Board for Engineering Education，日本技術者教育認定機構）がある．この認定を "情報および情報関連分野" の CS（Computer Science）領域で受けようとしたとき，図らずも，その領域で展開することを要求されている科目群が，実はこのライブラリそのものでもあった．これらはこのライブラリの普遍性を示すものとなっている．

① コンピュータサイエンス入門
② 情報理論入門
③ プログラミングの基礎
④ C 言語による 計算の理論
⑤ 暗号のための 代数入門
⑥ コンピュータアーキテクチャ入門
⑦ オペレーティングシステム入門
⑧ コンピュータネットワーク入門
⑨ コンパイラ入門
⑩ システムプログラミング入門
⑪ ヒューマンコンピュータインタラクション入門
⑫ CG とビジュアルコンピューティング入門
⑬ 人工知能の基礎
⑭ データベース入門
⑮ メディアリテラシ
⑯ ソフトウェア工学入門
⑰ 数値計算入門
⑱ 数値シミュレーション入門

執筆者について書いておく．お茶の水女子大学理学部情報科学科は平成元年に創設された若い学科であるが，そこに入学してくる一学年 40 人の学生は向学心に溢れている．それに応えるために，学科は，教員の選考にあたり，Computing Curricula が標榜する科目を，それぞれ自信を持って担当できる人材を任用するように努めてきた．その結果，上記 18 巻のうちの多くを本学科の教員に執筆依頼することができた．しかしながら，充足できない部分は，本学科と同じ理念で開かれた奈良女子大学理学部情報科学科に応援を求めたり，本学科の非常勤講師や斯界の権威に協力を求めた．

このライブラリが，我が国の高等教育機関における情報科学，情報工学，あるいは情報関連学科での標準的な教科書として採用され，それがこの国の情報科学・技術レベルの向上に寄与することができるとするならば，望外の幸せである．

2008 年 3 月記す

お茶の水女子大学名誉教授

工学博士　増永良文

はじめに

　本書は大学の情報系学科において，コンピュータネットワークを初めて勉強する人達のための教科書として書かれました．この教科書で勉強する前提としては，コンピュータに関する知識，たとえばアーキテクチャやOSなどを多少学習しており，またプログラミングも一応経験しているものと考えています．それらの内容を学んだ後，あるいは並行して学んでいる学生が，ネットワークを勉強する際に利用するのが望ましいと思われます．筆者自身は学部で2つ，大学院で1つ，計3段階のレベルのネットワークに関連する講義を教えていますが，そのうち一番最初の入門レベルの講義で教えている内容を基に執筆したのが本書です．筆者の所属する学科では，コンピュータアーキテクチャやOSの講義，プログラミングの演習などを取得してからこの講義を受ける形となっています．

　ただし平易に書いてありますので，コンピュータやプログラミングに関する知識があまりなくても十分に理解できるようになっています．基本的には，パソコンのブラウザでホームページを閲覧したり電子メールを利用したりしている程度のユーザが，それらの機能を支えているコンピュータネットワークの仕組みを理解するための入門書です．今やインターネットは日常生活の一部となっており，ネットワークに関する技術的な知識のあまりない人でも，ごく当たり前のように使いこなしています．しかしただ使っているだけではなく，その中身が一体どうなっているのだろうという興味を持った人には，本書を利用してそれを学んで欲しいと思っています．

　本書の内容はTCP/IPプロトコル群の解説が中心となっています．従来，通信システムの中心的存在は電話網でしたが，現在はこれがコンピュータネットワークへと移行しました．その代表がインターネットであり，インターネットを司っているTCP/IPプロトコル群を知ることはコンピュータネットワークを理解する基礎となります．コンピュータネットワークはどのような思想のもとに作られているのか，そこではどのような技術が使われているのかを学ぶと共に，みなさんが普段お世話になっているインターネットがどのような仕組みで動いているのかを知ることができます．

はじめに

　本書ではまず，コンピュータネットワークとは何か，そこで用いられている階層プロトコルとは何であるかについて解説し，インターネットとTCP/IPがどのように生まれ発展してきたかを紹介した後，その詳しい中身について見ていきます．一般にコンピュータネットワークの教科書は階層プロトコルの下位層から順番に紹介していくものが多いのですが，本書ではまずユーザに馴染みの深いネットワークアプリケーションを取り上げ，それを支える上位層プロトコルの動作から解説を始めます．そして次にこれを支えるトランスポート層，インターネットにおいて中心的なプロトコルであるインターネット（ネットワーク）層，そして下位層と，階層プロトコルを下へ向かって進み，各層の仕組みと役割を説明していきます．また複数の階層にまたがる話題として，ネットワークセキュリティの問題も取り上げます．各章末にはその章で述べたテーマの理解を確認するための章末問題を設置し，巻末にはその略解も載せました．

　ネットワークの講義には非常にたくさんのトピックが存在しますが，本書はまず入門としてこれだけは知っておいた方がよいという話に絞り，半期の講義程度で学習できる内容としています．全部で14章構成としており，毎週の講義ごとに1章ずつ進めば大体半期で終了する程度の分量となっています．ただし理解のペースに合わせて一つの章に2週以上かけてもよいかもしれませんし，時間的に足りない場合には例えば第13章と第14章のネットワークセキュリティや第7章のソケットプログラミングなどの話を別の講義にまわしたり，プログラミングの話は演習科目などと組み合わせて用いるようなことも効果的だと思います．

　本書はお茶の水女子大学理学部情報科学科の増永良文教授に勧められて執筆致しました．本書の執筆にあたっては，図表の作成などをお手伝い頂いたお茶の水女子大学大学院人間文化研究科および理学部情報科学科の神坂紀久子さん，小原奈緒子さん，鎌田美緒さん，千島望さん，安藤和香さんを始め，小口研究室のメンバーにサポートして頂きました．また出版にあたりサイエンス社の田島伸彦部長と渡辺はるか氏にお世話になりました．これらの方々に深く感謝致します．

　また本書を，執筆中に他界した父，物理学者であった小口武彦氏に捧げます．

2007年3月

　　　　　　　　　　　　　　　　　　　　　　　　　　　　　　　小口 正人

目　　次

第 1 章　コンピュータネットワークと階層プロトコル　　　1

- 1.1　コンピュータネットワークの発展 2
- 1.2　コンピュータネットワークとインターネット 4
- 1.3　コンピュータネットワークの分類 5
  - 1.3.1　PAN, LAN, MAN, WAN 5
  - 1.3.2　回線交換とパケット交換 6
  - 1.3.3　コネクション型とコネクションレス型 7
  - 1.3.4　ユニキャスト，マルチキャスト，ブロードキャスト 8
- 1.4　階層プロトコル 9
  - 1.4.1　プロトコルとは 9
  - 1.4.2　プロトコルの階層化 10
  - 1.4.3　階層プロトコルの比喩 10
  - 1.4.4　階層化による利点 12
- 1.5　階層プロトコルの具体例：OSI 参照モデル 13
  - 1.5.1　OSI 参照モデル 13
  - 1.5.2　各 層 の 役 割 14
  - 1.5.3　OSI 参照モデルに基づく通信 15
- 第 1 章の章末問題 16

目　次　vii

第2章　インターネットとTCP/IP　17

2.1 インターネットの歴史 18
 2.1.1　インターネットの登場 18
 2.1.2　ARPANET の発展 19
2.2 インターネットの標準化の精神 20
2.3 TCP/IP プロトコル群 21
 2.3.1　TCP/IP 階層モデル 21
 2.3.2　各 層 の 概 要 23
 2.3.3　TCP/IP プロトコルの動作 24
 2.3.4　OSI プロトコルと TCP/IP 26
2.4 ネットワークの性能向上 26
第2章の章末問題 28

第3章　上位層プロトコルとアプリケーション：WWWとDNS　29

3.1 ネットワークアプリケーション 30
 3.1.1　クライアント・サーバ型 30
 3.1.2　アプリケーションとアプリケーションプロトコル 31
3.2 WWW のプロトコル 32
 3.2.1　WWW の位置付け 32
 3.2.2　ブラウザと HTML 33
 3.2.3　URL の 記 法 34
3.3 HTTP の 概 要 35
 3.3.1　HTTP の 動 作 35
 3.3.2　HTTP による会話 37
3.4 DNS の 仕 組 み 39
 3.4.1　DNS と は 39
 3.4.2　IP アドレスの概要 39
 3.4.3　ドメイン構成 40
 3.4.4　DNS の 動 作 40
 3.4.5　DNS と直接会話するには 42
第3章の章末問題 43

第4章　上位層プロトコルとアプリケーション：電子メールその他　45

- 4.1 電子メールのプロトコル ... 46
  - 4.1.1 電子メールの概要 ... 46
  - 4.1.2 SMTPの動作 ... 46
  - 4.1.3 POPの動作 ... 49
- 4.2 ファイル転送プロトコル：FTP ... 51
  - 4.2.1 ftpとFTP ... 51
  - 4.2.2 FTPの動作 ... 52
  - 4.2.3 さまざまなファイル転送アプリケーション ... 53
- 4.3 遠隔ログインプロトコル：TELNET ... 54
  - 4.3.1 telnetとTELNET ... 54
  - 4.3.2 シェルの役割 ... 55
  - 4.3.3 遠隔ログインの動作の詳細 ... 55
- 4.4 ネットワークファイル共有プロトコル：NFS ... 57
- 第4章の章末問題 ... 58

第5章　トランスポート層とコネクションレス型プロトコル：UDP　59

- 5.1 プロトコルの概要 ... 60
  - 5.1.1 トランスポート層の特徴 ... 60
  - 5.1.2 TCPとUDPの通信処理概要 ... 60
  - 5.1.3 ポート番号 ... 62
- 5.2 トランスポート層コネクション ... 64
  - 5.2.1 コネクションの識別 ... 64
  - 5.2.2 コネクションのポート番号の確認 ... 66
- 5.3 コネクションレス型プロトコル：UDP ... 67
  - 5.3.1 TCPとUDPの比較 ... 67
  - 5.3.2 UDPの概要 ... 67
  - 5.3.3 UDPヘッダフォーマット ... 68
  - 5.3.4 チェックサムの計算 ... 69
- 第5章の章末問題 ... 70

第6章 トランスポート層とコネクション型プロトコル：TCP　71

- 6.1 TCP の通信手法 72
  - 6.1.1 プロトコルの概要 72
  - 6.1.2 コネクションの確立と切断 74
  - 6.1.3 パケット喪失のケース 76
- 6.2 ウィンドウ制御 77
  - 6.2.1 スライディングウィンドウ方式 77
  - 6.2.2 ウィンドウ制御におけるパケット喪失 79
  - 6.2.3 フロー制御 81
  - 6.2.4 輻輳制御 82
  - 6.2.5 TCP における通信性能を高める手法 85
- 6.3 TCP ヘッダフォーマット 87
- 第6章の章末問題 88

第7章 TCP ソケットプログラミング　89

- 7.1 ソケットシステムコール 90
  - 7.1.1 ネットワークプログラム 90
  - 7.1.2 ソケットインタフェース 90
- 7.2 ソケットプログラミングの概要 91
  - 7.2.1 クライアント・サーバ型アプリケーションの通信 91
  - 7.2.2 ソケット関連のシステムコール 92
- 7.3 ソケット通信を用いたプログラム例 94
  - 7.3.1 プログラムの実行 94
  - 7.3.2 サーバプログラム 94
  - 7.3.3 クライアントプログラム 98
- 第7章の章末問題 100

第 8 章　インターネット層と IP　　101

8.1　IP の概要 102
- 8.1.1　IP over Everything 102
- 8.1.2　IP の役割 103

8.2　IP アドレス 104
- 8.2.1　IP アドレスの表記法 104
- 8.2.2　アドレスクラス 104
- 8.2.3　サブネットマスク 106

8.3　IP による経路制御 108
- 8.3.1　ルータの動作 108
- 8.3.2　経路制御表に基づいたパケット転送 108
- 8.3.3　経路制御表の縮約 110
- 8.3.4　経路制御表の確認 111
- 8.3.5　スタティックルーティングとダイナミックルーティング 112

8.4　パケットの分割と再構築 113
- 8.4.1　MTU とフラグメンテーション 113
- 8.4.2　経路 MTU 探索 113

第 8 章の章末問題 115

第 9 章　IP を支えるインターネット層の仕組み　　117

9.1　IP に関する情報 118
- 9.1.1　IP ヘッダフォーマット 118
- 9.1.2　ネットワークインタフェース情報の取得 120

9.2　インターネット層における IP 以外のプロトコル 121
- 9.2.1　ARP 121
- 9.2.2　ICMP 122
- 9.2.3　DHCP 123

9.3　IP アドレスのサブネット内における利用 125
- 9.3.1　プライベートアドレスとグローバルアドレス 125
- 9.3.2　NAT 126

第 9 章の章末問題 128

第 10 章　経路制御プロトコルと IPv6　　　129

- 10.1 経 路 制 御 130
  - 10.1.1 経路制御プロトコルの役割 130
  - 10.1.2 自律システム 130
  - 10.1.3 経路制御プロトコルの分類 131
  - 10.1.4 最適経路探索：ダイクストラのアルゴリズム 133
- 10.2 代表的な経路制御プロトコル 135
  - 10.2.1 リンク状態ルーティング：OSPF 135
  - 10.2.2 距離ベクトルルーティング：RIP 137
  - 10.2.3 経路ベクトルルーティング：BGP 139
- 10.3 IPv6 140
  - 10.3.1 IPv6 が必要な理由 140
  - 10.3.2 IPv6 の 特 徴 141
  - 10.3.3 IPv6 のアドレス表記法とヘッダフォーマット 141
  - 10.3.4 IPv6 の導入が進んでいない理由 142
- 第 10 章の章末問題 144

第 11 章　下位層プロトコル　　　145

- 11.1 データリンク 146
  - 11.1.1 データリンクの概要 146
  - 11.1.2 伝送方式による分類 146
  - 11.1.3 データリンクのトポロジ 147
  - 11.1.4 データリンクを構成する通信媒体 147
  - 11.1.5 符 号 化 方 式 148
- 11.2 MAC アドレスとデータリンク層における通信 149
  - 11.2.1 MAC アドレスの概要 149
  - 11.2.2 データリンク層における通信方式 151
- 11.3 送信権制御方式 153
  - 11.3.1 CSMA/CD 153
  - 11.3.2 CSMA/CA 155
- 第 11 章の章末問題 156

第12章　下位層メディアとハードウェア　　157

- 12.1 イーサネット 158
  - 12.1.1 イーサネットの歴史 158
  - 12.1.2 イーサネットの種類 158
  - 12.1.3 イーサネットのフレームフォーマット 160
- 12.2 無　線　LAN 162
  - 12.2.1 無線 LAN に対する期待 162
  - 12.2.2 無線 LAN の種類 162
  - 12.2.3 無線 LAN の構成 164
  - 12.2.4 無線 LAN のフレームフォーマット 165
- 12.3 ネットワーク機器 167
  - 12.3.1 コンピュータ側のハードウェア 167
  - 12.3.2 スイッチングハブ 167
  - 12.3.3 ルータとアクセスポイント 168
- 第 12 章の章末問題 169

第13章　ネットワークセキュリティ：基礎理論　　171

- 13.1 ネットワークセキュリティの概要 172
  - 13.1.1 セキュリティをめぐるさまざまな出来事 172
  - 13.1.2 暗号化と復号 173
  - 13.1.3 秘密鍵と公開鍵 175
  - 13.1.4 認　　証 176
  - 13.1.5 署　　名 179
- 13.2 対称鍵暗号アルゴリズム 180
  - 13.2.1 DES 180
  - 13.2.2 AES 182
- 13.3 公開鍵暗号アルゴリズム 184
  - 13.3.1 公開鍵の概念 184
  - 13.3.2 RSA 184
- 第 13 章の章末問題 186

第14章　ネットワークセキュリティ：応用プロトコル　　187

14.1　セキュリティプロトコル　　188
- 14.1.1　階層プロトコルモデルとセキュリティプロトコル　　188
- 14.1.2　各層におけるセキュリティプロトコル　　189

14.2　インターネット層のセキュリティプロトコル：IPsec　　190
- 14.2.1　IPsec の概要　　190
- 14.2.2　IPsec における暗号化と認証　　191
- 14.2.3　IPsec SA 確立までの手順　　192
- 14.2.4　デフィー・ヘルマンアルゴリズムによる鍵交換　　194

14.3　無線 LAN のセキュリティ規格　　195
- 14.3.1　無線 LAN におけるセキュリティ　　195
- 14.3.2　標準暗号化規格：WEP　　195
- 14.3.3　WEP の問題点　　196
- 14.3.4　IEEE802.11i と TKIP　　198

第 14 章の章末問題　　200

章末問題解答　　201

参考文献　　205

おわりに　　208

索引　　209

　本書を教科書としてお使いになる先生方のために，本書に掲載されている図・表をまとめた PDF を講義用資料として用意しております．必要な方はご連絡先を明記のうえサイエンス社編集部（rikei@saiensu.co.jp）までご連絡下さい．

第1章
コンピュータネットワークと階層プロトコル

　本書はコンピュータネットワークの基礎知識を勉強する入門書です．本章ではその導入部分として，コンピュータネットワークとはどのようなものであるか，そしてそれを動かすプロトコルとは何者なのかを解説します．また本書では主に **TCP/IP** プロトコルを取り上げますが，本章ではその前に，プロトコルの理解に役立つ **OSI** 参照モデルを紹介します．

● 本書の内容 ●

コンピュータネットワークの発展
コンピュータネットワークとインターネット
コンピュータネットワークの分類
階層プロトコル
階層プロトコルの具体例：OSI 参照モデル

1.1 コンピュータネットワークの発展

みなさんは，コンピュータネットワークがどのような歴史を持っているかご存知ですか．これを知るためには，まずコンピュータの歴史から見ていく必要があるでしょう．

コンピュータの歴史は，意外に浅いものです．「世界最初のコンピュータ」として名前が知られている **ENIAC** (Electronic Numerical Integrator And Computer) は，1946年に米国で作られました．ただし最近では，世界最初のコンピュータは ENIAC ではなく，1939年に試作機が作られた **ABC** (Atanasoff Berry Computer) であるという説が有力です．また ABC も ENIAC もソフトウェアでプログラミングを行うものではありませんでしたので，1949年に英国で作られた「世界初のノイマン型コンピュータ」といわれる **EDSAC** (Electronic Delay Storage Automatic Calculator) が最初のコンピュータと呼ぶに相応しいという人もいます．いずれにしても，まだ高々60年程度の歴史しかありません．

コンピュータと比較すると，電気通信の歴史はかなり長いものです．1830年代にはすでに，米国でモールス電信網が作られていました．**グラハム・ベル** (**Graham Bell**) による電話の発明は1876年で，1890年代には日本でも官営の電話事業が始まっています．コンピュータが登場するはるか昔からネットワークは世の中に存在したわけです．

コンピュータは登場した当時は，他のコンピュータと接続せず単独で用いる**スタンドアロン**という形で使用されていました．当時のコンピュータは，今では考えられないほど高価で大型の機械であり，単独で用いて十分に価値のあるものでした．コンピュータを所有しているのは，経済的に余裕のある企業，研究所，大学など限られた組織でした．

しかしコンピュータの技術が次第に発展し，単独で用いるよりもコンピュータ同士を接続して通信を行った方がより有益であることがわかってきました．さらに1対1のコンピュータ間接続だけでなく，何台ものコンピュータを接続するネットワークの形とした方がより便利です．こうして，図1.1～図1.3のように，スタンドアロンからネットワークへと，コンピュータの利用形態が発展していったのです．ネットワークを構成する機器は**ルータ**と呼ばれ，この働きについては第8章で詳しく述べます．

図 1.1　スタンドアロン

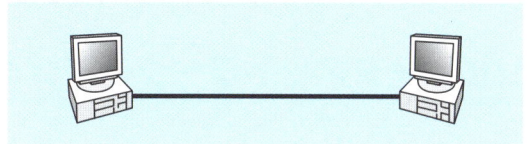

図 1.2　コンピュータ間通信

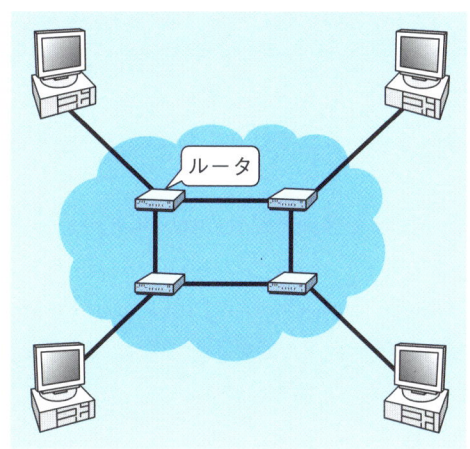

図 1.3　コンピュータネットワーク

　コンピュータをネットワークで接続すると，何が嬉しいのでしょうか．まずネットワークで接続することにより，遠隔地とデータのやり取りを行うなど，距離を克服することができます．またスタンドアロンの場合と比較して，機能面で発展させることもできます．例えば各コンピュータに格納されたデータを他のコンピュータと共有することができますし，各コンピュータに格納されたソフトウェアを共有することもできます．さらに発展すると，各コンピュータのハードウェアを共有，すなわち他のコンピュータを自分のコンピュータの一部であるかのように利用することも可能です．

みなさんの身近な例で考えると，コンピュータネットワークを用いることにより，ネットワークアプリケーションである **WWW** (**World Wide Web**) や電子メールなどが使えるといった恩恵があります．これらのアプリケーションを使うことを目的に，インターネットを利用し始めた人も多いでしょう．さらに最近では，チャットや音声，動画などの通信，パソコンや携帯電話などによるデータ共有など，進んだネットワーク利用も行われています．

1.2 コンピュータネットワークとインターネット

コンピュータネットワークとは具体的にどのようなものでしょうか．また「コンピュータネットワーク」と「**インターネット**」とは何が違うのでしょうか．みなさんの身近には，それぞれの組織に所属する小さい規模のコンピュータネットワークが存在すると思います．これは**サブネット**という名前で呼ばれます．サブネット間が接続されて，より大きなネットワークが構成されます．

一方，**インターネット**という言葉は何を指すのでしょうか．英語で internet という言葉は，文字通りネットワーク間のネットワークという意味です．これに対し，Internet と大文字で書いた場合には，現在，全世界で使われているみなさんがよくご存知のコンピュータネットワークを指す固有名詞になります．これは TCP/IP (Transmission Control Protocol/Internet Protocol) と呼ばれる通信プロトコル（通信を行うための手順などの約束事，1.4 節参照）を用いて，図 1.4 のようにサブネット間を接続するネットワークです．日本語でインターネットといった場合には，通常後者のネットワークを指します．

それでは逆に「インターネット」以外のネットワークとはどのようなものでしょうか．みなさんがよく知っている身近な例としては，電話網が挙げられます．ただし最近では，インターネットを利用した IP 電話と呼ばれるものも普及しつつあるので，同じ電話でも区別が必要です．またインターネットではないデータ通信網，専用 IP 網などと呼ばれるネットワークも存在します．しかし現在，利用されている割合はインターネットが圧倒的で，他のネットワークも基本的にインターネットの方へ取り込まれる方向にあるといっていいでしょう．つまり別々に発展してきた通信技術が，TCP/IP というプロトコルを用いたインターネットにより，一つのネットワークに統合されていく方向にあるのです．

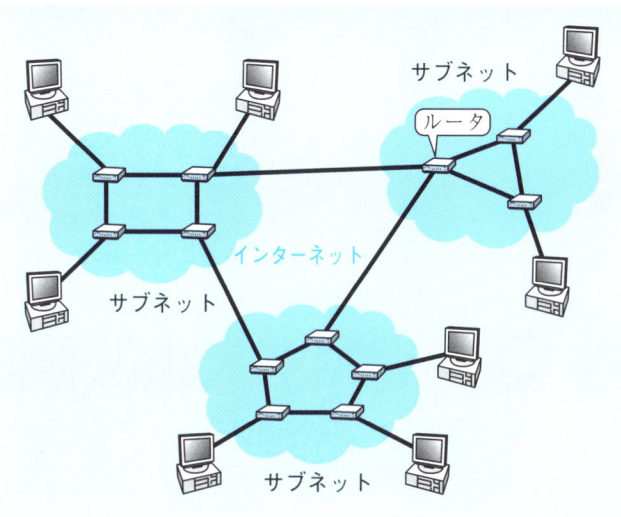

図 1.4 インターネット

1.3 コンピュータネットワークの分類

次にコンピュータネットワークにはどのような種類があるか見てみましょう．ネットワークは形態や通信方式など，様々な観点から分類することができます．

1.3.1 PAN, LAN, MAN, WAN

まずは規模による分類です．規模が違えばその仕組みも違ってきますが，ここではまず規模のみに注目しましょう．「コンピュータネットワーク」といったときに，みなさんはどのようなものを思い浮かべるでしょうか．会社や大学などでパソコン同士が接続されているネットワークが最も身近な例として挙げられるかもしれません．このような狭いエリアでコンピュータ同士を接続するネットワークを **LAN (Local Area Network)** と呼びます．LAN は一般に数 m〜数 km 程度までの距離で，通常は建物内，構内など狭い地域に張られるネットワークです．最近では家庭内でも数台のパソコンを持ち，これらをネットワークで接続する家庭内 LAN などの利用も増えてきました．

LAN 同士を接続する，もう少し広い範囲のネットワークは **MAN (Metropolitan Area Network)** と呼ばれています．距離は数 km〜数十 km 程度で，そ

の名の通り都市内を接続するネットワークです．会社間，大学のキャンパス間，各家庭間など，LAN と LAN の間を結びます．

LAN や MAN に比べ，はるかに広い範囲を接続するネットワークは **WAN（Wide Area Network）** と呼ばれます．その距離は数十 km やそれ以上といった長さにもなり，都市間，国家間などを接続して広いエリアをネットワークでつなげます．このようなネットワークは，骨格の背骨に例えて**バックボーンネットワーク**などと呼ばれることもあります．

一方で，LAN よりもっと狭い範囲のネットワークも存在します．最近では無線通信技術の発達により，コンピュータのキーボードやマウス，プリンタなどが無線接続されることが増えてきました．携帯型の電子機器同士を接続するようなネットワークも存在します．このような数 m 程度のごく短い区間の接続ネットワークを **PAN（Personal Area Network）** と呼びます．

1.3.2 回線交換とパケット交換

次の分類は交換方式と呼ばれる種類に基づくもので，「回線交換（circuit switching）」と「パケット交換（packet switching）」という方式に分けることができます．回線交換とは図 1.5 に示すような，いわゆる電話の通信方式です．電話をかけた場合，まず回線交換機を通して，通信相手との間に回線が設定されます．回線が設定されてから，実際のデータ，電話の場合には音声が送信され始めます．通信中には回線が専有利用され，通信が終了した段階で回線が切断されます．したがって複数の通信要求が同時に発生したら，回線を設定できず通信が行えない場合があります．

実際には 1 本の回線が複数の通信を伝える容量を持っていますが，この容量を超える通信要求が発生した場合には，通信を行えません．電話網では通常そのようなことが起こらないように，十分に大きな容量の回線を用意しています．しかし，例えば人気のあるコンサートのチケット予約ダイヤルがつながりにくくなっている場合などは，回線の容量を超える通信要求が殺到しているわけです．

これに対しパケット交換は，図 1.6 のように，送信したいデータをパケットと呼ばれる小さな塊に分解し，パケット交換機（ルータ）を通して通信相手に送信します．回線は占有されず，複数の通信が同時に発生しても共有して通信を行うことがきます．ただし多くの通信が同時に発生した場合，混雑してきて

1.3 コンピュータネットワークの分類　　　　　　　　　　7

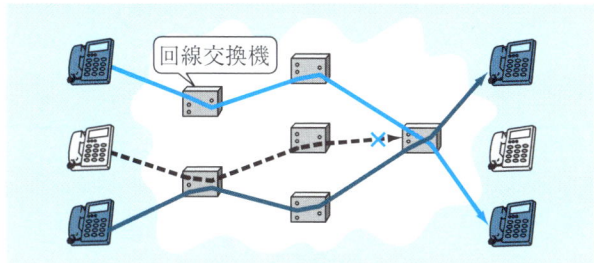

図 1.5　回線交換

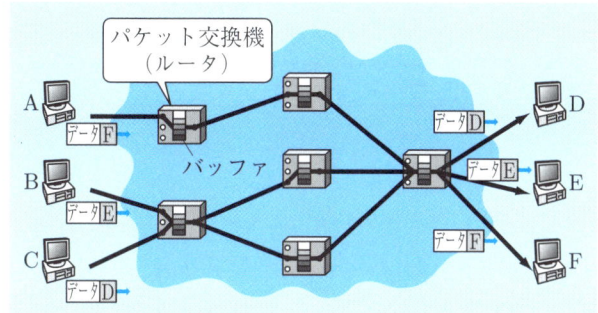

図 1.6　パケット交換

パケットが届くのが遅くなったり，場合によっては容量オーバーでパケットが棄てられてしまうこともあります．

1.3.3　コネクション型とコネクションレス型

　コンピュータネットワークの通信方式は，「コネクション型（connection oriented）」と「コネクションレス型（connectionless）」という分類を行うこともできます．コネクション型は次ページの図 1.7 のように，データの送信を開始する前に，送信側と受信側との間にコネクションを確立する方式です．コネクションを確立してから，実際に送信したいデータのパケットを送り始めます．パケットは，この張られたコネクションをたどって受信側へとたどり着きます．通常，受信側は送信側に対して，パケットを受け取ったことを知らせる確認応答を返します．

　コネクション型は，よく電話に例えられます．ただし電話のように物理的に回線を専有するわけではなく，回線は複数のコネクションが共有しています．

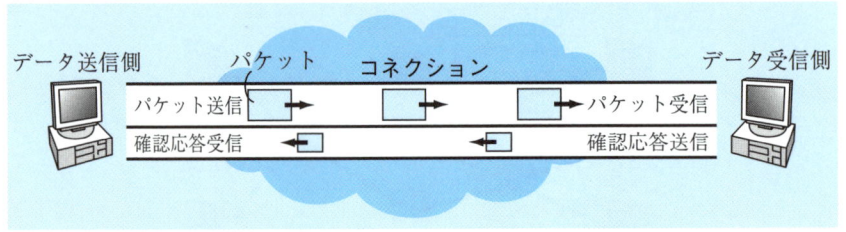

図 1.7　コネクション型

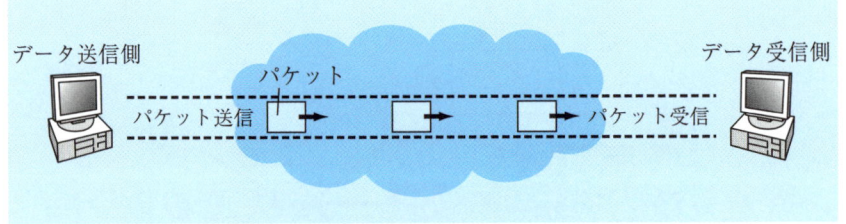

図 1.8　コネクションレス型

　一方のコネクションレス型は，図 1.8 に示すようにコネクションを確立せず，パケットに宛先を書き込んでそのまま送信する方式です．パケットは，コネクションを通して送信されるのではなく，ルータごとにその宛先を見ながら転送が繰り返され，受信側にたどり着きます．このような通信方式であることから，コネクションレス型は，郵便に例えられます．

　コネクション型とコネクションレス型の分類は，回線交換とパケット交換の分類と似ている部分がありますが，以上の説明の通り異なるものですので注意してください．

1.3.4　ユニキャスト，マルチキャスト，ブロードキャスト

　さらにコンピュータネットワークの通信方式として，「ユニキャスト（unicast）」，「マルチキャスト（multicast）」，「ブロードキャスト（broadcast）」という分類があります．ユニキャストは 1 対 1 通信です．これに対しマルチキャストは 1 対多通信で，1 つの送信元から特定のグループへデータを送信します．一方，ブロードキャストも多数を相手とした通信ですが，こちらは 1 対全通信で，同じネットワークセグメント（ネットワークの一部分）上に存在する全ての相手にデータを送信します．

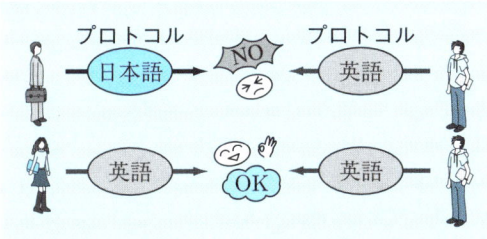

図 1.9　プロトコルとは

1.4　階層プロトコル

1.4.1　プロトコルとは

　前節までの説明に，通信プロトコルという言葉が出てきました．**プロトコルと
は一体何でしょうか**．

　コンピュータネットワークの通信プロトコルとは，互いに通信を行うための
手順などの約束事を示したものです．同じプロトコルに従っているコンピュー
タ同士では，正しく通信を行うことができます．例えば，自然言語の文法のよ
うなものと考えてもよいかもしれません．図 1.9 のように日本語なら日本語，
英語なら英語で，同じ言語をしゃべっている人同士は，会話をすることができ
ます．しかし日本語しかしゃべらない人と，英語しかしゃべらない人とは，ま
ともな会話をすることができません．

　約束事ですから，お互いが理解し合えば自由にさまざまなプロトコルを用い
ることができます．現在，コンピュータネットワークの通信プロトコルとして
最も有名なものは **TCP/IP** でしょう．TCP と IP はそれぞれ 1 つのプロトコ
ルですが，一般に「TCP/IP（プロトコル群）」といった場合には，現在インター
ネットで用いられている，TCP と IP を中心とする一連のプロトコル群を指し
ます．また TCP/IP 以外で通信プロトコルとして有名なものには，アップル
(**Apple**) 社の製品の独自プロトコルである **AppleTalk**，一昔前にパソコンで
よく用いられていた **Netware** などがあります．また OSI プロトコルと呼ばれ
るものもあり，これについては後述します．

　通信を行うためには同じプロトコルを用いる必要があるわけですので，プロト
コルの標準化が重要になります．各社独自のプロトコルを用いた場合，同じ会社

のコンピュータやネットワーク製品を使った通信は可能ですが，他の会社のコンピュータなどと互換性がなく通信ができないのは不便です．そこで，通信プロトコルを標準化しようという動きになります．代表的なものとして，**国際標準化機構 ISO** (International Standard Organization) が **OSI (Open Systems Interconnection) 参照モデル（reference model）** と呼ばれるモデルを標準化し，これに沿った OSI プロトコルを提案しました．一方 TCP/IP は，まず実際に動作するものが作られ，広く使われるようになってから標準化が進んだ**デファクトスタンダード**と呼ばれる標準で，現在では **IETF** (Internet Engineering Task Force) により標準化されています．また第 12 章で解説するイーサネットなどのネットワークの規格は，**IEEE** (Institute of Electrical and Electronics Engineers) という国際的な学会組織により標準化が行われています．

1.4.2 プロトコルの階層化

通信プロトコルは図 1.10 のように階層化されています．各層の要素を**エンティティ（entity）**と呼びます．送信側と受信側が同じ階層構造を持ち，両者の対応する層同士が会話を行うイメージです．その会話の言語が，プロトコルということになります．

しかし各階層同士が直接つながっているわけではありません．各階層は上下の階層と接続されています．この接続部分は**インタフェース**と呼ばれます．$N-1$ 層エンティティが提供するインタフェースを N 層エンティティが利用するという形です．$N-1$ 層エンティティは N 層エンティティにサービスを提供しているということもできます．

各層で処理を行いながら，上の階層から一番下の階層までデータが伝わると，物理回線を通して受信側へ送られます．受信側では，まず一番下の階層がデータを受け取り，同様に各層で処理を行いながら上の階層へと伝えていきます．このように各層のエンティティへとデータが伝わり，相手側コンピュータの同じ階層のエンティティと会話を行うのです．

1.4.3 階層プロトコルの比喩

階層プロトコルは，図 1.11 のように例えられます．A と B の 2 箇所にいる 2 人のビジネスマンが交渉を行おうとしています．A のビジネスマンは日本語，B のビジネスマンは中国語しか話せないとします．A と B にはそれぞれ通訳が

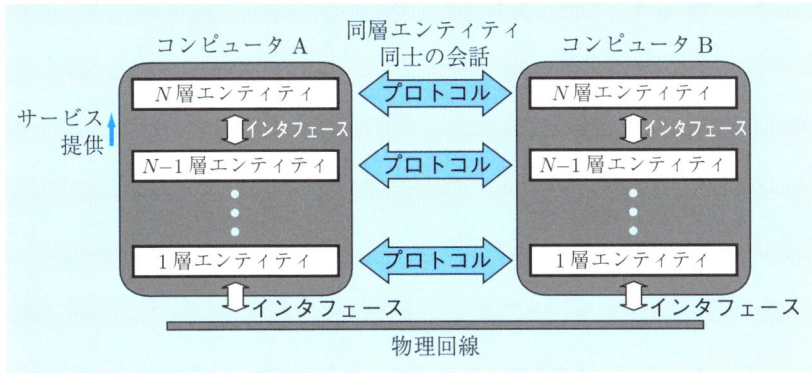

図 1.10　プロトコルの階層化

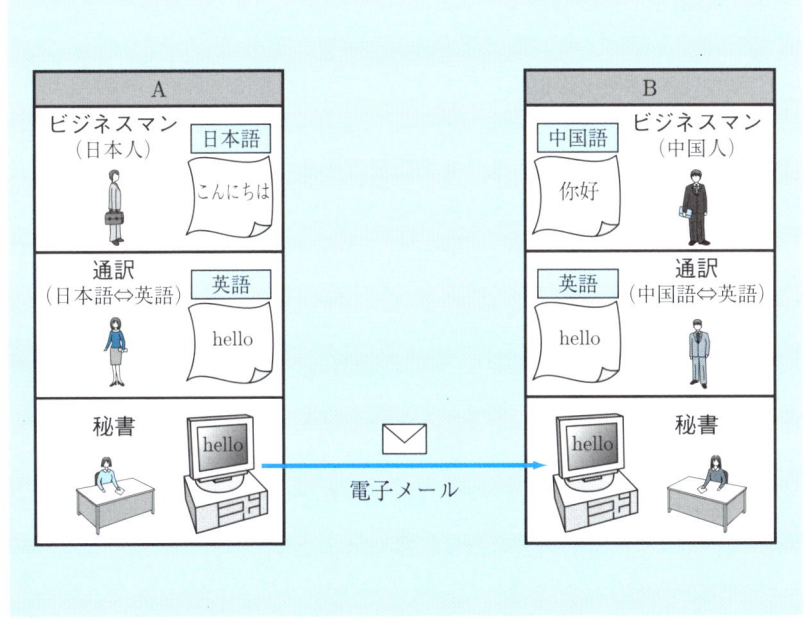

図 1.11　階層プロトコルの比喩

おり，Aの通訳は日本語と英語，Bの通訳は中国語と英語を話せます．さらにAとBには秘書がいて，お互いに電子メールを送り合えるものとします．

　この状況で2人のビジネスマンは交渉を行うことが可能です．Aのビジネスマンが日本語を話すと，それを通訳が英語に翻訳し，その内容を秘書が電子メー

ルでBへ送ります．Bの秘書が電子メールを受け取り，通訳が英語から中国語に翻訳してビジネスマンに伝えれば，彼はAのビジネスマンが話している内容を理解できます．逆方向へも同様にメッセージを伝えることができ，こうして2人の交渉が成り立ちます．

この場面におけるビジネスマン，通訳，秘書がそれぞれプロトコルの各層に相当します．各層が相手側の同じ層と直接的または間接的に会話しています．このようにして，階層化されたプロトコルが動作しているのです．階層化されていないプロトコルモデルを考えることも可能です．この例の場合，ビジネスマン自身がお互い英語も話し，電子メールも使えれば階層化の必要はなく，一層だけのモデルとなります．

1.4.4　階層化による利点

それでは，階層化することで何が嬉しいのでしょうか．一つの利点として，各層の機能を必要最小限に単純化できることが挙げられます．この例の場合，ビジネスマンは言語を気にせず交渉だけに集中することができ，通訳は翻訳だけを行えばよく，秘書は電子メールの送受信だけできればよいわけです．ビジネスマン自身が交渉も行い，英語も話し，電子メールの送受信を行う場合には，それだけビジネスマンが大変になります．コンピュータネットワークを構築する場合，高度な機能を持つシステムを作るのは大変で，設計ミスなども多くなりますが，簡単な機能のシステムを作って組み合わせれば，そのような心配を減らすことができます．何かミスが見つかって作り直す場合も，その階層のシステムだけを見直せばよく，システム全体を作り直す必要はありません．

階層化することのもう一つの利点としては，各階層を他のものに置き換えることが可能になるという点が挙げられます．先ほどの例で見ると，AとBの通訳は共通の言語として英語を使っていましたが，必ずしも英語である必要はなく，例えばAに日本語とドイツ語を話せる通訳，Bに中国語とドイツ語を話せる通訳を置いたとしたら，同様にビジネスマン同士の交渉が成立します．あるいは，AとBの秘書が電子メールではなくFAXでメッセージの送受信を行う形に置き換えることも可能です．

注意してもらいたいのは，そのような置き換えを行ったとしても，他の階層には一切影響を与えないということです．つまり通信システムの場合には，あ

7	アプリケーション層
6	プレゼンテーション層
5	セッション層
4	トランスポート層
3	ネットワーク層
2	データリンク層
1	物理層

図 1.12　OSI 参照モデル

る階層のシステムを別の同等の機能を果たすものに置き換えることが可能になるということです．ある階層の置き換えを行っても，他の階層はそのまま用いることができます．もし階層化されていないシステムを使っていたとしたら，このような置き換えを行う場合にはシステム全体を作り直す必要があるかもしれません．

このような利点を持つ階層プロトコルは，「サービス」と「インタフェース」と「プロトコル」を明確に定義したことにより実現が可能になりました．まとめると，サービスとはある層が上位層に提供するプリミティブ（操作）の集合，インタフェースとは上位プロセスのその層に対するアクセス方法，プロトコルとは，同位エンティティ間で交換されるパケットやメッセージなどのフォーマットや意味を決める集合，ということになります．

1.5　階層プロトコルの具体例：OSI 参照モデル

次に階層プロトコルの具体例を見ていきましょう．

1.5.1　OSI 参照モデル

コンピュータネットワークにおける階層プロトコルのモデルとして有名なものに，**OSI** 参照モデルがあります．OSI 参照モデルは，ISO により提唱されました．これは図 1.12 のように，上からアプリケーション層，プレゼンテーション層，セッション層，トランスポート層，ネットワーク層，データリンク層，物理層という 7 層からなるモデルです．各層の名前を覚えるために，各層

の名前の頭文字を上から順番に並べて「アプセトネデブ」などという覚え方がよく用いられています．

OSI 参照モデルの「参照モデル」という意味は，これ自体が具体的なプロトコルではない，ということです．実はこの OSI 参照モデルに基づき，そのままプロトコルとして策定したものもあり，これは **OSI プロトコル**と呼ばれます．ただし OSI プロトコルは，現在ではほとんど用いられていません．OSI 参照モデルは階層プロトコルの概念として頻繁に利用されているものの，それを直接的にプロトコルとして策定した OSI プロトコルはほとんど使われていないという少しややこしい状況ですので，注意してください．実際よく用いられているのは，TCP/IP の階層プロトコル群です．これについては後で述べますので，まずは OSI 参照モデルの各層の役割を見ていきましょう．

1.5.2 各層の役割

まず最上位に位置する**アプリケーション層**は，個々のアプリケーションにサービスを提供する機能を持ちます．ここでいうアプリケーションとは，みなさんがコンピュータネットワークを利用する際に用いる，電子メールやファイル転送といったネットワークアプリケーションです．ただし，アプリケーション層はアプリケーションそのものではなく，具体的なアプリケーションの下に位置し，これに特定のサービスを提供する階層です．

次に**プレゼンテーション層**は，データフォーマットを変換する役割を持つ階層です．例えば文字列や画像，音声といったデータフォーマットは，機器によって異なる場合があります．またネットワーク上でこうしたデータをやり取りするときには，ネットワーク共通のフォーマットを用います．これらのデータフォーマットの間を変換するのがプレゼンテーション層の役割です．プレゼンテーション層がフォーマットを変換してくれるため，相手がどんなフォーマットでデータを用いているか，アプリケーション自身は意識する必要がありません．

次に**セッション層**は，通信の管理を行う階層です．具体的にはコネクションを確立したり切断したりといった作業を行います．セッション層のすぐ下にはトランスポート層があり，この層で作り出されるコネクションをセッション層がつないだり切ったりするイメージです．アプリケーション層，プレゼンテーション層，セッション層の3層を合わせて，上位3層という呼び方をします．

上位 3 層の下には，まず**トランスポート層**がきます．トランスポート層の役割は，通信を行う両端のコンピュータ間のデータ転送の管理です．トランスポート層では両端の処理のみを考えて，途中の経路部分は考えていないため，エンドツーエンドのプロトコルといった呼び方もされます．具体的な役割は，データ転送の信頼性を提供することです．例えばデータの転送途中で何らかの誤りが起こったときに対処するエラー処理を行ったり，データが送信側，受信側の間をスムーズに流れるように調整するフローコントロールを行ったりします．

トランスポート層では両端の処理のみしか考えませんが，逆にその途中の経路部分の面倒を見るのが**ネットワーク層**です．つまり送信側から送り出されたパケットを，無事に受信側へ届けるのがネットワーク層の仕事です．これを実現するためには，ネットワーク内の各コンピュータにアドレスが振られていなければならず，ネットワーク層ではこのアドレス体系を管理します．また実際にパケットが転送される際には，どのような経路を通って宛先まで届けるか選択しなければなりませんが，これもネットワーク層が決定します．このように，トランスポート層とネットワーク層はプロトコル階層の中でも中核的な役割を担う重要な階層です．

次に**データリンク層**は，直接接続された機器間で，データフレームの識別と転送を行います．ここでいう機器とは，コンピュータやルータなどです．送信されるデータは，実際にはただのビット列なわけですが，その区切りを識別し，データフレームと呼ばれる一塊として認識して，これを正しく相手に届ける役割を持ちます．

最後に**物理層**は，「データ」という抽象的なものを文字通り物理的な信号に変換して転送する役割を持ちます．「0」や「1」といったビット列を，例えば電圧の高低や光の点滅に変換して伝えるのです．またケーブルやコネクタの形状などといった「物理的」な事柄も，物理層が規定します．データリンク層と物理層を併せて下位 2 層といわれます．

1.5.3　OSI 参照モデルに基づく通信

OSI 参照モデルに基づく通信の様子を図 1.13 に表します．階層プロトコルの概念図を表した図 1.10 と同じく，OSI 参照モデルの各階層は，上位層に対してサービスを提供し，通信相手の同位層とプロトコルで会話を行います．た

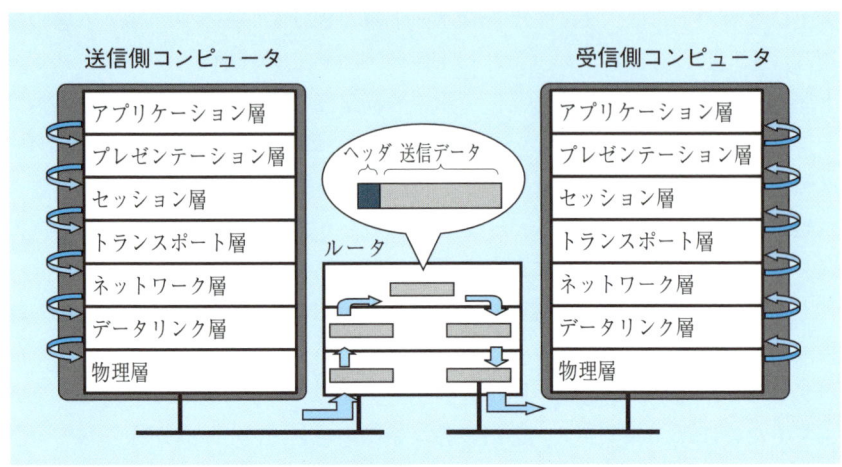

図 1.13　OSI 参照モデルに基づく通信

だし，LAN 上のコンピュータ間の接続のように通信相手と直接つながるケースもありますが，ネットワーク層より下の階層は，一般には途中にルータが（場合によっては複数）挟まり，このルータを介して会話を行う形になります．

　全体の動作としては，図 1.13 に示したように，送信側のアプリケーションから送り出されたデータが，送信側の各プロトコルを順番に伝わって下りていき，ネットワークに送り出され，ルータを経由しながら受信側にたどり着きます．受信側ではこれを下の階層から順番に最上位まで伝え，最終的に受信側のアプリケーションに受け取られる形となります．

第 1 章の章末問題

問題 1　コンピュータの起源を各自調べよ．どのマシンが世界最初のコンピュータであるといえると思うか．

問題 2　通信プロトコルを階層化する場合と階層化しない場合のメリット，デメリットをそれぞれ述べよ．

問題 3　OSI 参照モデルの各層の役割をそれぞれ簡単にまとめよ．

第2章
インターネットとTCP/IP

　前章ではコンピュータネットワークにおける通信プロトコルとは何であるかを説明し，その例として **OSI** 参照モデルを紹介しました．しかし現在の世の中では，コンピュータネットワークといえばインターネットであり，その通信プロトコルは **TCP/IP** です．そこで本章は，インターネットの生まれてきた経緯やその特性について述べ，**TCP/IP** の概要を解説します．

●本書の内容●
インターネットの歴史
インターネットの標準化の精神
TCP/IP プロトコル群
ネットワークの性能向上

2.1 インターネットの歴史

2.1.1 インターネットの登場

　現在，コンピュータネットワークといったとき，何よりもまず最初に思い浮かぶのがインターネットでしょう．インターネット以外のコンピュータネットワークも存在しますが，一般には「コンピュータネットワーク」＝「インターネット」と考えても差し支えないほど，インターネットは中心的な存在です．それでは，インターネットはどのようにして生まれてきたのでしょうか．

　インターネットの元となるネットワークは，1960 年代の米国 **DoD**（国防総省）における通信技術の研究開発から生まれました．当時 DoD では，広範囲の障害に耐えうるネットワークの研究を行っていました．ネットワークの一部分が使えなくなっても，別の経路で通信を行えるようなネットワーク技術を確立したいというのが DoD の要請でした．

　これには，1957 年 10 月のいわゆる「**スプートニク・ショック**」が強く関係しているといわれています．スプートニク・ショックとは，当時のソ連が人類史上初めて人工衛星の打ち上げに成功した出来事です．これは宇宙開発の進歩という華やかさの反面，軍事的には非常に大きな意味を持ち，米国にとってはショッキングな出来事でした．つまり DoD は，これでソ連はいつでも米国の上空から核ミサイルを撃ち込むことができるようになった，と考えたのです．

　この状況は，それまでのネットワーク技術に関する考え方の範疇を大きく超えていました．すなわち，それまでもネットワークの信頼性という課題は検討されていましたが，それは例えば回線を 2 重，3 重にするといった対処でした．しかし，もし核ミサイルなどにより広範囲なエリアが壊滅してしまうような状況が起こった場合，回線が 2 重，3 重になっていたところで通信は途絶えてしまいます．DoD としてはこのような状況においても，ネットワークの全てが使えなくなってしまわず，生き残っている部分が通信を行えるような仕組みが必要であると考えました．そのため，複数の経路が存在する新しいタイプのネットワークが研究されることになったのです．ベースとなる仕組みとしては，ネットワークを効率よく利用できるように考えて，当時はまだ新しい技術だったパケット交換に注目しました．

　こうして DoD の **ARPA**（高等研究計画局）が資金援助し，1969 年に

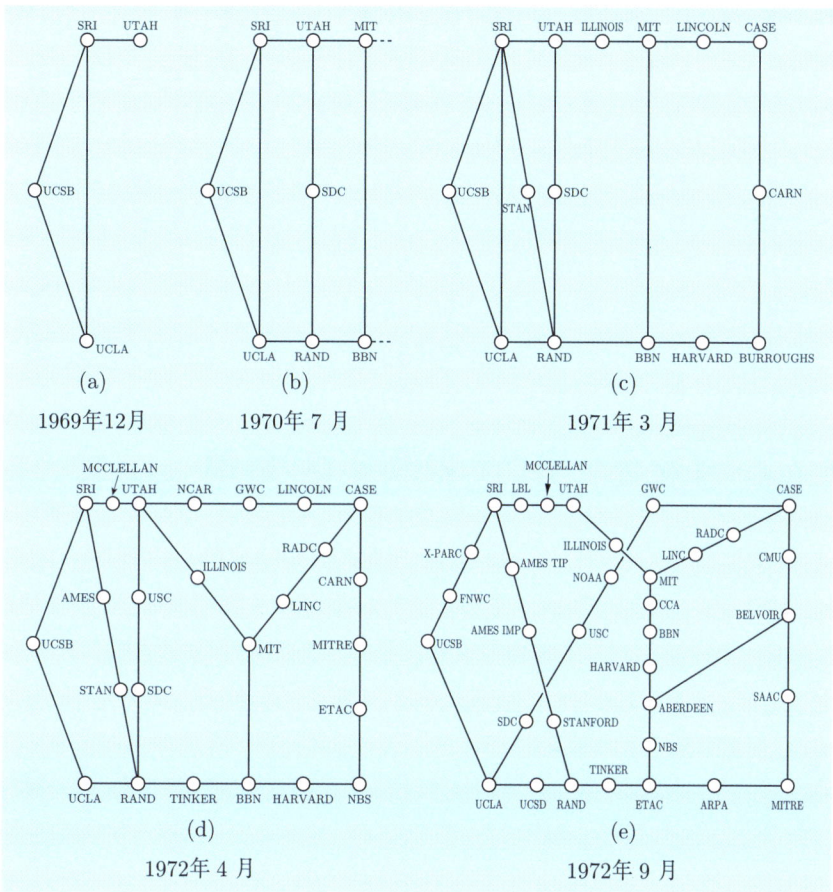

図 2.1　ARPANET の出現と成長

ARPANET と呼ばれるコンピュータネットワークが構築されました．これがインターネットの起源といわれています．

2.1.2　ARPANET の発展

　ARPANET は当初，図 2.1(a) のように 4 つの大学や研究所の間を接続する小さなものからスタートしました．この 4 つの拠点が選ばれた理由は，それぞれが持っていたコンピュータが種類の違うものであり，より挑戦的なネットワーク研究を行うのに都合がよかったからだとされています．その後 ARPANET

は，図 2.1(b)〜(e) に示すようにわずか数年のうちに大きく成長します．1972年時点ですでに，コンピュータ関係の研究を行っている拠点として有名であった全米の大学や研究所がほぼ全て接続された形となりました．

このように ARPANET が発展し，最終的に現在のインターネットへと成長していったわけですが，その通信プロトコルはどのようなものだったのでしょうか．ARPANET の発足当時は，まだ TCP/IP は確立されていませんでした．逆に TCP/IP は，ARPANET の上で開発されていったプロトコルです．TCP/IP の原型は，1975 年に ARPANET の研究者グループにより作られました．そして 1983 年より，TCP/IP が ARPANET の唯一の公式プロトコルとして用いられるようになったのです．

2.2 インターネットの標準化の精神

その後，研究者の間でインターネットのプロトコルに関する議論が，ネットワーク上の電子メールやニュースグループなどを介して盛んに行われるようになりました．つまりインターネットは，インターネットを利用して議論されることにより発展してきたのです．それではインターネットの標準化はどのように進められてきたのでしょうか．インターネットの標準化の本質を表す言葉として，次のようなものがあります．

 "We reject kings, presidents, and voting;
 we believe in rough consensus and running code" (David Clark, 1992)

インターネットは，王様や大統領といった「お上」が方式を決めることにより作られたものではありません．しかも「投票」で決めることさえも行わないといっています．これは，インターネット以前のネットワークにおいて，例えば ISO の標準化は投票で決めるのが常識でしたが，そうやって標準化を行っても結局使われずに終わるものがたくさんあったことの反省からきています．

インターネットでは，"rough consensus and running code" が重要だといっています．つまり，「大まかな合意と実際に動くコード（プログラム）」です．こういったものを作るべきだね，という大まかな合意を元に，実際に動くコードを作り，それから議論を進めていきましょう，という姿勢がインターネット

の標準化の精神です．単に抽象的な議論だけを行うのではなく，実際に誰かが書いたコードをネットワーク上で広め，他の人がそれに改良を加えてまた配布するといった形で，研究者たちがネットワーク上で寄り集まって良いコードを作り上げていきました．インターネットは，こうしてでき上がった良いコードを「標準」として認めていきましょうという考え方を取っており，標準の方式を投票で決めそれから実装を行っていく従来の標準化とは大きく異なる手順です．このやり方が大変うまくいき，ネットワークに関する優れた技術がネットワーク上で次々に生まれて行ったため，インターネットは現在のような趨勢を迎えることとなりました．

2.3　TCP/IP プロトコル群

2.3.1　TCP/IP 階層モデル

　TCP/IP も階層プロトコルです．しかしその階層は，OSI 参照モデルとは少し異なります．それでは TCP/IP の各層の詳細を見ていきましょう．

　前章で述べたように，TCP/IP プロトコル群は，TCP と IP という 2 つのプロトコルを中心としたプロトコル群です．TCP/IP の階層モデルとしては，OSI 参照モデルのように 7 層ではなく，通常 4 層に分けて考えます．上からアプリケーション層，トランスポート層，インターネット層，ネットワークインタフェース層と呼ばれます．このうち TCP の位置するトランスポート層と IP の位置するインターネット層が中心的な役割を果たしているため，TCP/IP 階層モデルと呼ばれています．TCP/IP 階層モデルと OSI 参照モデルの関係は，次ページの 図 2.2 に示すようになっています．

　OSI 参照モデルの上位 3 層をまとめて TCP/IP では**アプリケーション層**と呼んでいます．OSI 参照モデルのネットワーク層は，TCP/IP では**インターネット層**と呼ばれ，**トランスポート層**はどちらでも同じ名前です．また OSI 参照モデルの下位 2 層は，TCP/IP では**ネットワークインタフェース層**としてまとめられています．OSI 参照モデルと同じく下位 2 層をデータリンク層と物理層に分けて扱う場合もありますが，現実としては分かれていない場合が多いということもあり，本書でも下位層はまとめて扱います．プロトコルの具体的な例としては，

第2章 インターネットとTCP/IP

OSI参照モデル	TCP/IP階層モデル
7 アプリケーション層	アプリケーション層
6 プレゼンテーション層	
5 セッション層	
4 トランスポート層	トランスポート層
3 ネットワーク層	インターネット層
2 データリンク層	ネットワークインタフェース層
1 物理層	

図 2.2 OSIとTCP/IPの階層プロトコル

- アプリケーション層プロトコル
  HTTP (HyperText Transfer Protocol),
  SMTP (Simple Mail Transfer Protocol),
  FTP (File Transfer Protocol),
  TELNET (TELetypewriter NETwork)
- トランスポート層プロトコル
  TCP (Transmission Control Protocol) , UDP (User Datagram Protocol)
- インターネット層プロトコル
  IP (Internet Protocol),
  ICMP (Internet Control Message Protocol),
  ARP (Address Resolution Protocol)
- 経路制御プロトコル
  OSPF (Open Shortest Path First), BGP (Border Gateway Protocol)

などがあります．

　一般にトランスポート層やインターネット層は，コンピュータの **OS (Operating System)** 内部の機能として実装されています．またネットワークインタフェース層は，具体的には**デバイスドライバ**といったハードウェアを制御するためのプログラムが相当しますが，これもOSの中に組み込まれる形が一般的です．アプリケーション層もプロトコルの実体はOSの中であり，各アプリケーションからその機能が利用されています．

2.3.2 各層の概要

本書では次章以降で，TCP/IP の各層の動作の詳細を見ていくことになります．本節ではプロトコル各層の振舞と具体例を簡単に知っておきましょう．

まずアプリケーション層プロトコルは，アプリケーション特有のサービスを提供するものです．例えば HTTP はホームページ閲覧の際に，サーバとブラウザ間でデータをやり取りするために用いられるプロトコルです．また SMTP は電子メールの配送を行うプロトコル，FTP はファイル転送を行うプロトコル，TELNET は遠隔ログインを行うプロトコルになります．

次にトランスポート層は，送受信の両端でデータ転送の管理を行います．トランスポート層プロトコルとして代表的なものは TCP と UDP の 2 つです．TCP はコネクション型通信であり，誤り検出・再送機能，フローコントロール機能などを備えて，信頼性の高いプロトコルとなっています．これに対し UDP はコネクションレス型通信で，相手に届くことが確認されない信頼性の低い通信を行います．その代わり面倒なことを行わないため動作が軽く，処理速度が速いプロトコルです．

インターネット層は，パケットを目的のコンピュータまで届けます．この層の中心的なプロトコルは，何といっても IP です．パケット配送作業に，基本的には全世界で一意な存在である **IP アドレス**を使用します．インターネットにおいて，IP 以外のプロトコルは割合容易に他のプロトコルに置き換えられますが，IP はインターネットの中心的存在であり，これを他のプロトコルに置き換えることは非常に難しいと考えられます．一方，ICMP は IP の補助プロトコルという位置づけで，IP パケット配送時の異常などを知らせる役割を持ちます．また ARP は，通信相手の物理的なアドレス（**MAC アドレス：Media Access Control Address**）を IP アドレスから調べるために用いられます．

ネットワークインタフェース層は，OSI 参照モデルでいうところの物理層も含むため，通信機器のハードウェアを含めて考えます．ただしこの辺の定義はやや曖昧であり，ハードウェア部分はネットワークインタフェース層には含まれないという考え方もあります．ネットワークインタフェース層の役割としては，物理的なアドレス（MAC アドレス）に基づき，同一ネットワークセグメント内でデータの配送を行います．

具体的な例としては，現在インターネットの LAN として大変よく用いられて

いる**イーサネット**（**Ethernet**）が挙げられます．イーサネットは CSMA/CD という基本動作原理に基づき動いており，**ゼロックス**（**Xerox**）社と旧デック (**DEC**) 社および**インテル**（**Intel**）社が共同開発した通信規格です．イーサネットには 10BASE-T (10 Mbps)，100BASE-TX (100 Mbps)，1000BASE-T (1 Gbps) など，様々な種類があり，非常に早いペースで性能向上が達成されています．またネットワークインタフェース層の他の例としては，最近ポピュラーになった**無線 LAN**（**Wireless LAN**）が挙げられます．無線 LAN の規格には，IEEE802.11b (11 Mbps)，IEEE802.11a/g (54 Mbps) などといったものがあり，CSMA/CA という動作原理で動いています．

2.3.3 TCP/IP プロトコルの動作

データの送受信を行う場合の TCP/IP の各層の働きも，図 2.3 に示すように今まで述べてきた階層モデルの場合と同じです．すなわちアプリケーション層を通して送信側のアプリケーションから送り出されたデータは，階層モデルを順番に下へたどっていきます．

この際，各層で処理をされるたびにその層の情報を表すヘッダが付けられます．例えばプロトコルとしてイーサネット上で TCP/IP を用いている場合，まず送信データに TCP のヘッダが付けられ，それに IP のヘッダが加わり，さらにイーサネットのヘッダが付けられてネットワークへ送り出されます．受信側では，まずネットワークインタフェース層がパケットを受け取り，イーサネットのヘッダを読んで適宜処理した後に，イーサネットのヘッダを外して上位のインターネット層に渡します．インターネット層においても同様に，IP ヘッダを読んで適宜処理した後，IP ヘッダを外して上位のトランスポート層へ渡します．トランスポート層は TCP ヘッダを読んで適宜処理し，TCP ヘッダを外してアプリケーション層へ渡します．このようにして受信側のアプリケーションへデータが無事届けられるのと同時に，各階層が相手の同位階層からのメッセージをヘッダという形で受け取り，そこで会話が行われるわけですね．

また一般に，図 2.4 に示すようにアプリケーションが送ろうとする送信データは，下の階層で適当な大きさのパケットに分割されます．これらのパケット一つ一つにヘッダが付けられて処理されていきます．送信されたパケットは，受信側で受け取られ上位層へ渡されていく過程でまた組み立てられます．そし

2.3 TCP/IP プロトコル群

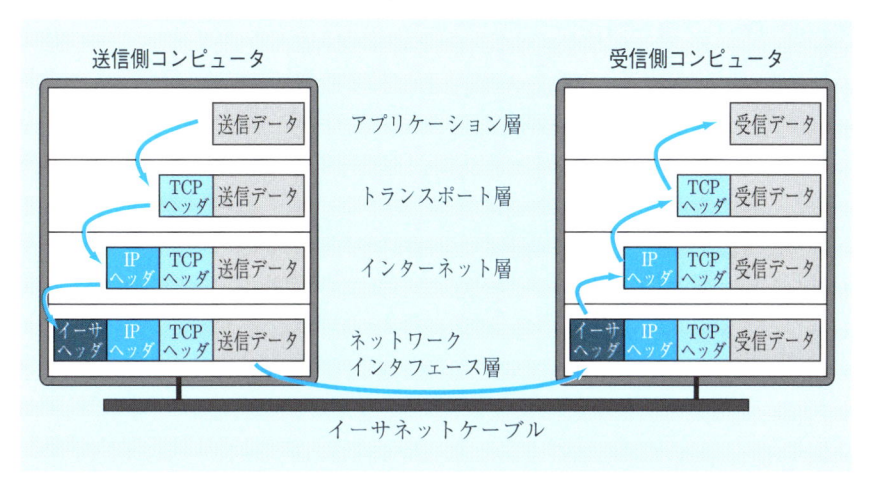

図 2.3 TCP/IP プロトコルによる通信

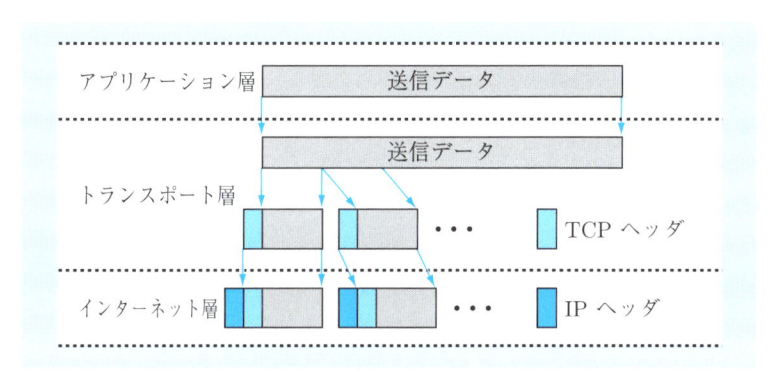

図 2.4 階層プロトコルにおけるパケットの分割

て送信されたデータと同じ形になってから，受信側のアプリケーションへと渡されます．

パケットがどの階層でどのように分割されるかについては，さまざまなケースがあります．TCP を用いている場合には，TCP が適当な大きさに分割します．またネットワークによって通れるパケットの大きさが違うため，ネットワークインタフェース層の一つ上の IP が，途中経路の大きさに合わせてパケットを分割する機能を持っています．これらの詳しい説明は後述します．

2.3.4 OSI プロトコルと TCP/IP

前章で，OSI 参照モデルは広く知られているが OSI プロトコルはほとんど用いられていないということを述べました．何故このような状況になってしまったのでしょうか．これは，OSI プロトコルの標準化や実装の進め方に問題があったといわれています．

前節のインターネットの標準化について述べた所でも触れたとおり，ISO における標準化は専門家が議論を繰り返した後，投票で標準を決定していく方式でした．そして実装については，標準が決まった後これに従って実際のソフトウェアが作られていきました．つまり標準化の段階では実際に動いているものはなく，抽象的な議論により標準化が行われるため，どうしても複雑で難解な標準となってしまいます．そしていざこれを実装しようとすると，効率が悪く質の低い製品しかできませんでした．

一方でほぼ同じ時期に TCP/IP の技術が広まり始めました．こちらは OSI プロトコルとは正反対に，まず実装が作られ，これが議論されながら十分に改良を行われた後に，標準方式として定められました．この進め方は，効率よく質の高い製品を生み出すことができました．その結果，TCP/IP が今後のネットワークを担う重要なプロトコルであるという認識が広まっていく一方，OSI プロトコルやその製品は品質が悪いという評判が定着してしまい，TCP/IP に駆逐される形となってしまいました．

このように実際に動作する製品としては，OSI より TCP/IP をベースにしたものの方が優れていました．ただしこのことは，必ずしも TCP/IP が階層プロトコルモデルとして優れているということを意味するわけではありません．実装を優先としているためにシンプルである反面，プロトコルモデルとしては不十分な面があるといわれることもあります．したがって本書では，まず OSI 参照モデルを紹介して階層プロトコルの概念を知ってもらい，その後に具体的な例として TCP/IP プロトコルについて述べていく形を取りました．

2.4 ネットワークの性能向上

本章ではインターネットに関する話を述べてきましたが，その最後として本節ではネットワークの性能について議論しましょう．みなさんはムーアの法則をご存知ですか．法則といっても物理学などの法則とは異なり，いわゆる経験

則です．一般には「コンピュータの性能は 1 年半で倍になる」といういい方で知られています．

ムーアとは人名で，コンピュータの心臓部である CPU を作っている会社として有名な**インテル社**の創業者の一人であるゴードン・ムーア（**Gordon Moore**）が 1965 年に提唱した考え方です．正確にいうと，ムーアは「半導体の集積密度は 18〜24 ヶ月で倍増する」と述べました．CPU は半導体の塊であるわけですが，その集積密度が約 1 年半で倍になる，つまり同じ大きさの CPU に，1 年半後には倍の半導体が詰め込まれているということになります．このことだけから「コンピュータの性能が 1 年半で倍」というのは，やや飛躍した考え方にも思えますが，実際のところ少なくとも CPU の性能向上はこの「1 年半で倍」というペースを保ち続けて現在に至っています．将来についても，「そろそろムーアの法則は破綻する」という説もあるものの，おそらくこの先少なくとも 10 年程度はこのペースを保つだろうという説の方が有力です．

「1 年半で性能が倍」というペースは，他の産業では考えられないスピードです．コンピュータとの比較でよく引き合いに出される自動車に例えて考えると，もし自動車がコンピュータと同じペースで進化したら，今頃ロールスロイスは 1 ドルの価値となり，1 ガロンのガソリンで 1 億マイルを走るようになっているであろう，などといわれます．ただしその場合，自動車が複雑になり過ぎており，ドアを開けるためにも 200 ページくらいのマニュアルが必要になっているであろう，というのがお決まりでいわれるジョークです．

一方，ムーアの法則ほど知られてはいませんが，ネットワークに関しては**ギルダーの法則**と呼ばれるものがあります．これは「ネットワークの速度は 9 ヶ月で倍増する」というものです．ギルダーも人名で，情報通信産業界の研究者ジョージ・ギルダー（**George Gilder**）が 1990 年代後半に提唱した考え方です．ただし「9 ヶ月で倍増」という数字には諸説あり，極端なものは「6 ヶ月で倍増」ともいわれています．いずれにしても，ネットワークの性能向上は，ムーアの法則をも上回るペースで進んでいるということになります．

このように，コンピュータやネットワークを考える時には，それが常に凄まじいペースで性能向上しているということに注意を払う必要があります．基本的な原理は変わらない部分が多いですが，実際に使われている機器類は，わずか数年で何倍もの性能になるということをよく覚えておいてください．

第 2 章の章末問題

問題 1　インターネットは何故成功したか．簡単にまとめよ．

問題 2　以下に示すインターネットの階層プロトコルモデルにおいて，次に挙げる各プロトコルはそれぞれ（ア）〜（カ）のどの位置に入るか答えよ．

ARP,　FTP,　ICMP,　SMTP,　TCP,　UDP

HTTP	（ア）	（イ）
（ウ）		（エ）
IP	（オ）	（カ）

第3章
上位層プロトコルとアプリケーション：WWWとDNS

> 本章以降では，階層プロトコルの各層を紹介していきます．みなさんが直接利用するのは階層プロトコルの上に位置するアプリケーションですので，上位階層の方が馴染みやすいでしょうから，本書では階層プロトコルの一番上より順番に見ていきます．OSI参照モデルにおいてもTCP/IP階層プロトコルにおいても，一番上の階層はアプリケーション層です．

● 本書の内容 ●
ネットワークアプリケーション
WWWのプロトコル
HTTPの概要
DNSの仕組み

3.1 ネットワークアプリケーション

アプリケーション層はアプリケーションのすぐ下に位置し，アプリケーションに対し特定のサービスを提供する階層です．コンピュータのアプリケーションには文章の編集や計算処理など色々なものがありますが，ここで考えるアプリケーションはネットワークアプリケーションです．

ネットワークアプリケーションは，ネットワークを介した他のコンピュータとのやり取りを伴うものであり，コンピュータネットワークを使って通信を行ったり，リクエストに応え計算処理したデータを返送するなどさまざまなものがあります．具体的には本章と次章で説明する**WWW (World Wide Web)**，電子メール，ファイル転送，遠隔ログインなどのアプリケーションです．ユーザにはアプリケーションだけが見えており，階層プロトコルはそれを陰で支えるものということになります．

3.1.1 クライアント・サーバ型

ネットワークアプリケーションは，一般に**クライアント・サーバ型**と呼ばれる形式で作られることが多いです．クライアント・サーバ型とは図3.1に示すように，サービスを提供する側（サーバ）とサービスを受ける側（クライアント）からなる構成です．サービスとはリクエストに応じてデータを提供したり希望する処理を実行してあげたりすることを指します．クライアント側のアプリケーションをみなさんが操作し，他のコンピュータの上で動いているプログラムであるサーバ側のアプリケーションをネットワーク経由のサービスとして利用する形が多いと思います．

ついでに紹介すると，クライアント・サーバ型に対比する概念として**ピア・ツー・ピア（P2P：Peer to Peer）**型と呼ばれるものがあります．P2P型は，クライアント・サーバ型のようにサービスを提供する側と利用する側に明確に分かれておらず，図3.2のようにお互いが対等な関係としてネットワーク経由でサービスを提供したり受けたりするものです．そのような動作を行う各コンピュータやプログラムのことをピアといいます．

クライアント・サーバ型はネットワークアプリケーションの主要な構成方式であり，シンプルで実現しやすいといった優れた面を持っていますが，サーバ

3.1 ネットワークアプリケーション

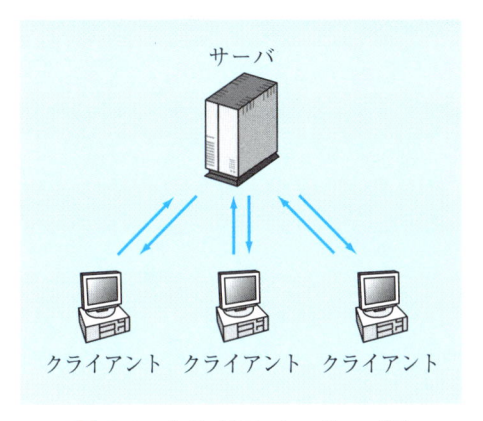

図 3.1 クライアント・サーバ型

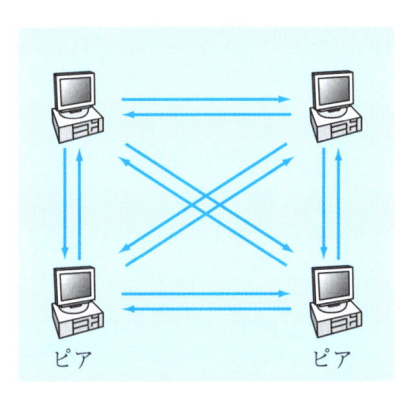

図 3.2 ピア・ツー・ピア (P2P) 型

にリクエストが集中してしまうなどの問題点も存在します．P2P 型はお互いにサービスを提供し合うことにより，特定のコンピュータにリクエストが集中してしまう問題点を解決する方式として，さまざまなネットワークアプリケーションへの応用が期待されています．

3.1.2 アプリケーションとアプリケーションプロトコル

ここでアプリケーションとアプリケーションプロトコルの関係を詳しく見ていきましょう．アプリケーションプロトコルは，ネットワークアプリケーション特有の通信処理を規定するものです．例えば WWW の場合には，クライアントのブラウザからのドキュメント要求とサーバからの応答メッセージがやり

取りされますが，この処理をWWW共通の標準的なものとして，プロトコル**HTTP (HyperText Transfer Protocol)** を規定するわけです．そうすることにより，例えばアプリケーションとして新しいブラウザを作った場合にも，このプロトコルに沿ったやり取りを行うことにより既存のブラウザと共存してWWWを利用することができ，汎用性が高まるだけでなく，アプリケーションの開発が楽になります．つまりアプリケーションプロトコルはアプリケーションが利用する規定であり，アプリケーション自体はプロトコルではありません．ただしアプリケーション開発者が独自のプロトコルを定義しネットワーク上で利用することも可能であるため，アプリケーションとプロトコルの境目がわかりにくい場合があることも確かです．

　アプリケーションとアプリケーションプロトコルを区別することの利点は，プロトコルを階層化することの利点と同様です．すなわちプロトコルを規定しておけば，アプリケーション側は自由に作り変えたり置き換えたりすることができ，例えば上記のように違うブラウザを同じWWWシステムの中で共存して使うことができるようになります．アプリケーションプロトコルの役割は，アプリケーションに対して下位層であるトランスポート層以下を利用できるインタフェースを提供することです．アプリケーションの開発者は，使用するプロトコルを決定すれば，後はトランスポート層以下のことを気にせずアプリケーションそのものの開発に専念できるわけですね．

3.2　WWWのプロトコル

3.2.1　WWWの位置付け

　さて，みなさんがインターネットの利用を考えたとき，まず何のアプリケーションが思い浮かぶでしょうか．おそらくはWWWと電子メールあたりが一番多いのではないかと思います．この両者は，現在のインターネット利用アプリケーションの代表といっていいように思いますが，歴史的な位置付けは両者で大きく異なります．WWWが1990年代半ばに初めて登場し急速に利用されるようになったものであるのに対し，電子メールはインターネットが出現した当初から存在した古典的なアプリケーションです．本章ではアプリケーション層のプロトコルを解説していきますが，まず最初に代表的なネットワークアプ

リケーションである WWW が，どのようなプロトコルにより支えられているか見ていきます．

3.2.2 ブラウザと HTML

WWW は，インターネット上においてハイパーテキスト形式で情報提供を行うクライアント・サーバ型のシステムです．ユーザは**ブラウザ**でアクセスを行います．つまりブラウザは，WWW の情報を画面に表示することができるクライアントソフトウェアです．代表的なブラウザには，**マイクロソフト (Microsoft)** 社の **Internet Explorer**，**ネットスケープ (Netscape)** 社の **Netscape Navigator**，フリーソフトの **Mozilla**，**Firefox** などがあります．

ブラウザに表示された画面を**ウェブページ**と呼びます．ウェブページには，文字，静止画，動画，音声，プログラムなど様々なデータを含めることが可能です．これらのデータへ簡単なマウス操作だけでアクセスできることが WWW の特徴であり，この利点のお陰で WWW は短期間のうちに急速に広まりました．今や WWW はインターネット利用の代表的アプリケーションとなり，それまではどちらかというと「専門家の道具」だったインターネットが，1990 年代後半以降急速に一般の人たちに使われるようになったことに WWW が大きく貢献したといっても過言ではありません．

様々なデータをウェブページに表現する記述言語が **HTML (HyperText Markup Language)** です．その最大の特徴は文字通りハイパーテキスト形式であるということで，リンクをユーザがクリックすることにより，他のウェブページやデータのダウンロード，プログラムの実行などが簡単に行えます．HTML の例として，ブラウザで見た画面とその画面を記述している HTML ドキュメントの両者を次ページの 図 3.3 に示します．本書では HTML の詳しい説明は行いませんが，画面に表示されている文字が，HTML ドキュメントの中では**タグ**と呼ばれる記号を利用して表現されていることがわかるでしょうか．HTML のタグは文字や絵などを，どこにどのような大きさで示したらよいかといったことを指定しています．

最近はホームページ作成ツールなどを利用してホームページを作ることが多くなってきたため，HTML ドキュメントは複雑で一見わかりにくいものが多くなっています．しかしそのような HTML ドキュメントも，この例と同じよう

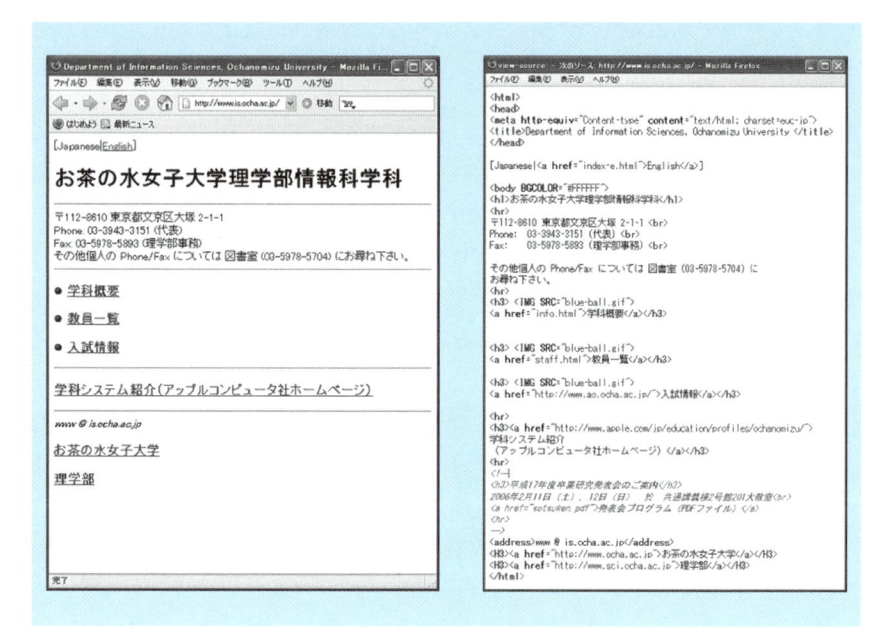

図 3.3　HTML ドキュメントの例

に HTML の文法に従ったドキュメントであり，よく読めばブラウザで何故そのような画面が表示されるのか理解することが可能です．

3.2.3　URL の記法

WWW において，ユーザは **URL (Uniform Resource Locator)** を指定してホームページにアクセスします．URL はインターネット上の場所を表す表記法で，

```
スキーム://ホスト名．ドメイン名（:ポート番号）/（パス名/）（ドキュメント名）
```

といった形に表されます．括弧内は省略することが可能なものです．例えば

```
http://www.is.ocha.ac.jp/index.html
```

と表記された場合，スキームが http，ホスト名が www，ドメイン名が is.ocha.ac.jp，そしてアクセスするドキュメント名が index.html となっています．

スキームとは，アクセスが何のプロトコルにより行われているかを表しており，上記の例ではhttpと記述することによって，WWWのためのアプリケーションプロトコルであるHTTPを用いていることを表しています．URL表現で用いられる他のスキームの例としては，ftp, mailto, nfs, telnet, gopher, fileなどがあります．ftpはファイル転送，mailtoは電子メール，nfsはネットワークファイルシステム，telnetは遠隔ログインを示すスキームで，これらについては次章で詳しく紹介します．gopherは，WWWと同じようにハイパーテキストを用いた情報提供システムのプロトコルですが，WWWが登場したことにより現在はほとんど使われなくなりました．fileはコンピュータ内のファイルに対するアクセスです．

ポートは，各コンピュータにおいて通信を行う相手プログラムと接続するネットワークの口です．したがって**ポート番号**は通信相手のプログラムを識別する番号であり，詳しくは後述しますが（5.1.3項），WWWにおいて省略された場合はデフォルトの番号80となります．またパス名が指定されなければ，サーバにおいてWWWのドキュメントが置いてあるルートディレクトリの下のドキュメントを探します．ドメイン名についても後ほど述べます．

URLを使用することによって，インターネット全体である場所を一意に特定したことになります．ただしホームページは頻繁に更新される可能性があるため，同じURLでもアクセスして得られる内容が変わったり，逆に同一ドキュメントのURLがサーバの都合などで変更されたりすることがある点に注意してください．

3.3 HTTPの概要

3.3.1 HTTPの動作

WWWのためのアプリケーションプロトコルであるHTTPはどのように動作するのでしょうか．ユーザがブラウザでURLを指定した時，あるいはウェブページにリンクとして埋め込まれたURLをクリックした時に，HTTPに基づいたやり取りが開始されます．図3.4においてブラウザを使っているユーザ側がクライアント，情報を提供している側がWWWサーバです．

まずクライアントはサーバに対し，ポート番号を指定して一連のコマンドを送

```
                    ホームページへアクセス
                http://www.is.ocha.ac.jp/index.html
                              www.is.ocha.ac.jp
   host.computer.org
                    ホームページのデータ送信
   クライアント                                      サーバ
   (ブラウザ)                                      (WWW サーバ)
               GET /index.html HTTP/1.0
                    ヘッダ情報
                  HTTP/1.0 200 OK
                    ヘッダ情報
                     index.html
   時
   間        GET /photo.jpg HTTP/1.0
                    ヘッダ情報
                  HTTP/1.0 200 OK
                    ヘッダ情報
                     photo.jpg
```

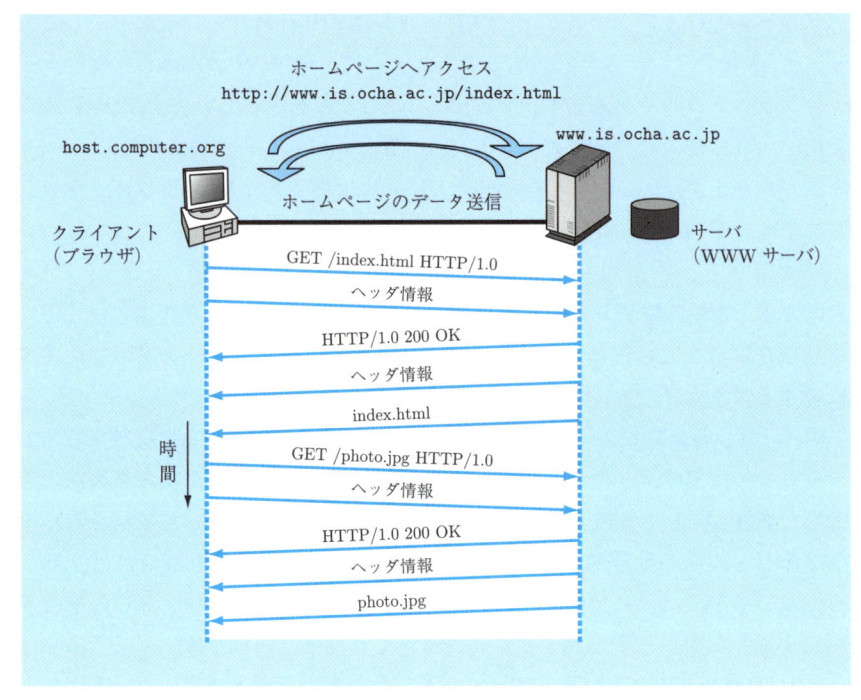

図 3.4　HTTP の動作

信します．例えば「http://www.is.ocha.ac.jp/index.html」とブラウザで指定した場合，ホスト名＋ドメイン名が「www.is.ocha.ac.jp」であるサーバへアクセスし，ポート番号は省略されているためデフォルトの 80 番となり，「index.html」というドキュメントをリクエストしたことになります．その結果 HTTP の動作としては，「GET /index.html HTTP/1.0」というコマンドが最初に送られていますね．これは文字通り，指定した「index.html」というドキュメントを送ってくださいというコマンドです．一番後ろに付いている「1.0」は HTTP のバージョン番号を表します．クライアントからサーバへのこのアクセスにより，指定したポート番号との間に **TCP コネクション**が確立されます．ポート番号と TCP コネクションの詳細は，後ほどトランスポート層を解説する第 5 章で詳しく述べます．

　クライアントからの GET 要求に対し，サーバ側からは「HTTP/1.0 200 OK」といった返事がクライアントに送られています．これも文字通り，要求を引き

受けましたという回答で，「200」は OK ですよということを示す応答メッセージの番号です．そしてどのような内容のデータを送るかを表すヘッダ情報の後に，要求された「index.html」というテキストドキュメントがサーバからクライアントへ送信されています．

次は「GET /photo.jpg HTTP/1.0」というコマンドがクライアントからサーバへ送られ，「photo.jpg」というファイルのダウンロードが要求されていますね．これは，例えばホームページ中の写真へのリンクをクリックした場合に生じるコマンドです．この場合も同様に OK の応答メッセージが返され，ヘッダ情報の後に JPEG の写真ファイルが送信されています．

このようにアプリケーションプロトコルでは，人間が見ても容易に理解できるコマンドや応答メッセージにより会話がなされています．もちろんコンピュータは人間が理解しやすい形式をそのまま読めるわけではなく，コンピュータが理解できる形式に変換されてから処理されますが，人間が見てわかることにより，何かトラブルがあった時などには解決が容易になるでしょう．ネットワークのプロトコルを初めて勉強するみなさんにも，このような会話なら簡単に理解できるのではないでしょうか．

3.3.2　HTTP による会話

HTTP でどのようなデータがやり取りされているか，実際に覗き見ることも可能です．これには telnet という，遠隔のコンピュータにログインして利用するためのアプリケーションを用います．telnet については後述（4.3 節）します．telnet では本来，

　　telnet マシン名または IP アドレス

と実行すると，指定したコンピュータに遠隔からログインして利用することができるようになるのですが，

　　telnet マシン名または IP アドレス　ポート番号

という形で実行すると，そのコンピュータの指定されたポートにアクセスします．例えばWWW サーバであるコンピュータの 80 番ポートにアクセスした場合，これは WWW のサービスを提供するポートですので，HTTP による会話が始まります．このアクセスの様子を図 3.5 に示します．

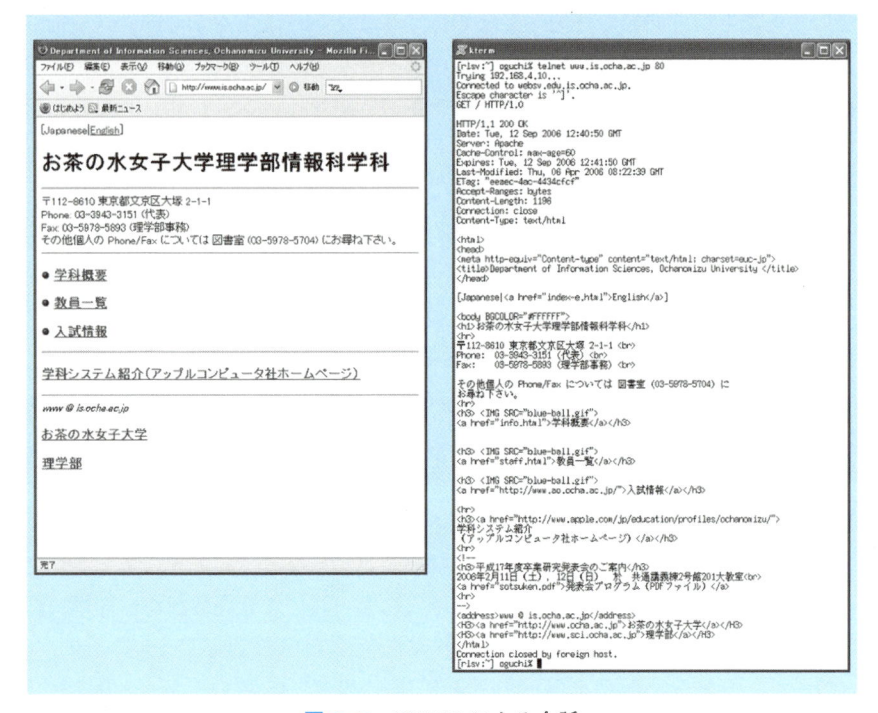

図 3.5　HTTP による会話

図 3.5 では，まず

```
telnet www.is.ocha.ac.jp 80
```

と指定して，www.is.ocha.ac.jp というコンピュータの WWW サービスを提供するポートにアクセスしています．次に

```
GET / HTTP/1.0
```

といった文字列をクライアント側で入力して送信しており，これは先ほど述べた HTTP による会話の例と同じものです．ドキュメント名が省略された場合，デフォルトは index.html となります．このリクエストに応え，サーバ側からはヘッダ情報と共に HTML のドキュメントが送られてきています．図 3.5 は先ほどの図 3.3 と同じページへアクセスしたものであり，図 3.3 と全く同じ HTML ドキュメントが送信されていることがわかると思います．

このように WWW では HTTP の規則に従ってコマンドを送り，HTML ドキュメントが送信されて会話が成り立っています．通常は HTML を理解して表示するブラウザがクライアントとしてサーバにアクセスするため，HTML ドキュメントそのものが表示されるのではなく，これを HTML の表記に従って解釈した結果がブラウザに表示されるわけです．このような HTTP の会話を見ることで，ブラウザから WWW サーバへアクセスしてドキュメントが送信され，これが表示されるまでの仕組みの裏側が少し理解できたでしょうか．

3.4 DNSの仕組み

3.4.1 DNS とは

ユーザは通常，URL を指定してホームページにアクセスを行いますが，インターネット上では URL がそのまま通信処理に用いられるわけではありません．インターネットでは後述する IP アドレス（第 8 章）を使って通信を行います．そこで，URL から IP アドレスへの変換を行うシステムが **DNS (Domain Name System)** です．つまり DNS はアドレス変換のデータベースということになります．

インターネットが作られたばかりの当初は，ホスト名と IP アドレスの対応関係を記録した「**hosts**」というファイルを作成し，これを全てのコンピュータがコピーして持つことにより IP アドレスへの変換を行っていました．現在でも UNIX オペレーティングシステムにおいて，そのコンピュータが利用するホスト名と IP アドレスの対応関係を「**/etc/hosts**」というファイルに記録することができます．しかしインターネットの規模が拡大するにつれ，このような集中管理を行うことは不可能になりました．そこで各組織ごとにそれぞれ自分の所の情報だけを管理する分散型データベースが考えられました．これが DNS です．分散型とすることにより，ホスト名や IP アドレスなどを変更した場合でも，組織内だけで変更すればいいようになります．

3.4.2 IPアドレスの概要

DNS について理解するために，まずは **IP アドレス**がどのようなものであるのか見ておきましょう．IP アドレスは，インターネット上で通信相手のコンピュータを他から識別するために用いられます．インターネット上の住所のよ

うなものですね．IP アドレスについては第 8 章で詳しく述べますが，バージョン 4 と呼ばれる現在の IP において，アドレスは 32 ビットの正数値となっています．これを通常，8 ビットずつ 4 つに区切り，それぞれを 10 進数で表して，「．（ドット）」でつなぎます．例えば 2 進数で「10000101 01000001 11000000 01000110」となっているアドレスは，「133.65.192.70」といった形で表すことができます．

3.4.3 ドメイン構成

ネットワークアプリケーションで IP アドレスをそのまま利用することは可能です．例えばブラウザで，「http://133.65.192.70/」というように IP アドレスを入力すれば，そのアドレスを持つ WWW サーバに接続してウェブページを得ることができます．

しかし数字だけの列は人間には覚えにくいため，通常は URL としてホスト名＋ドメイン名を指定します．例えばホスト名が「www」，ドメイン名が「is.ocha.ac.jp」である場合，この両者をつなげて「www.is.ocha.ac.jp」とし，これが URL として用いられます．

ドメイン名は，ホスト名や組織名を識別するために階層構造を持った名前の体系で，図 3.6 にその例を示します．ドメイン名が階層的に決定されると，その下のドメイン名やホスト名は組織内で自由に決めることができます．アプリケーションにおいてホスト名＋ドメイン名が指定されると，まず DNS への問合わせが行われ，回答として得られた IP アドレスを元に通信処理が行われます．

3.4.4 DNS の動作

次に DNS の動作を見てみましょう．まず DNS の構成要素として，**ネームサーバ**があります．ネームサーバはドメイン名を管理しているコンピュータ及びそのソフトウェアのことで，自らが所属する階層（ゾーン）のドメイン情報を管理しています．ドメインが階層的に構成されているため，ネームサーバも図 3.7 のように階層的につながっています．一方，DNS に問合わせを行うクライアントのコンピュータ上のプログラムを**リゾルバ**といいます．リゾルバは，最低一つはネームサーバの IP アドレスを知っている必要があり，リクエストを受けたとき，まず最初にこのネームサーバに問合わせます．通常は組織内のネームサーバへ最初に問合わせることになります．

3.4 DNSの仕組み　　41

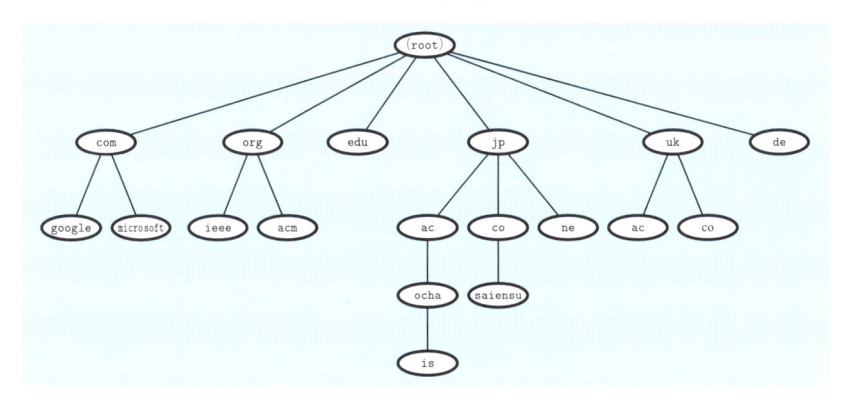

図 3.6　階層的なドメイン構成

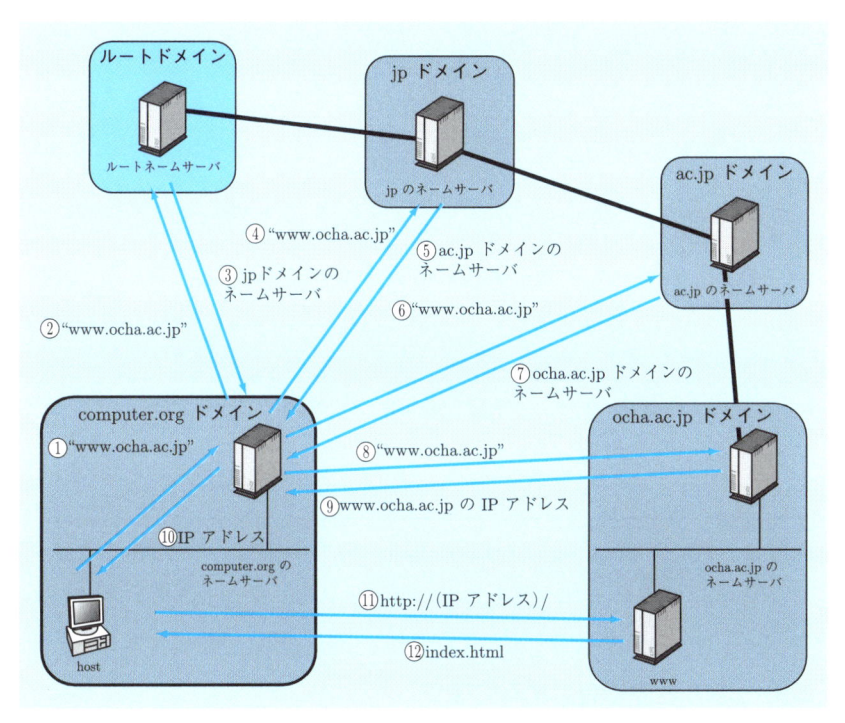

図 3.7　DNS の動作

DNS の問合わせがどのようにして解決されるかを見てみましょう．図 3.7 において，例えば「computer.org」ドメインのクライアント「host」が，「www.ocha.ac.jp」というホームページへアクセスするとします．

> **DNS の動作**
>
> ① host はまず computer.org ドメインのネームサーバに対し，www.ocha.ac.jp の IP アドレスを知っているか問合わせます．
> ② computer.org のネームサーバは，その IP アドレスを知っていればそれを返しますが，知らない場合にはルートネームサーバに問合わせます．
> ③ ルートネームサーバは jp ドメインのネームサーバの IP アドレスを返します．
> ④⑤ そこで jp ドメインのネームサーバに www.ocha.ac.jp の IP アドレスを問合わせると，今度は ac.jp ドメインのネームサーバの IP アドレスが返されます．
> ⑥⑦ さらにこれに問合わせると ocha.ac.jp ドメインのネームサーバのアドレスが返されます．
> ⑧⑨ このネームサーバは ocha.ac.jp ドメインに所属するコンピュータのアドレスを管理しており，これに尋ねるとようやく www.ocha.ac.jp の IP アドレスを知ることができます．
> ⑩ このようにして computer.org ドメインのネームサーバは www.ocha.ac.jp の IP アドレスを知ることができ，computer.org ドメインの host にこの IP アドレスを返します．

以上の手順により，host は www.ocha.ac.jp の IP アドレスを知ることができ，この IP アドレスを使ってホームページアクセスなどの通信を開始します (⑪⑫)．

3.4.5 DNS と直接会話するには

この例のように DNS はネットワークアプリケーションが問合わせを行い IP アドレスの情報を取得するのに用いられますが，ユーザが明示的に問合わせコマンドを発行して情報を得ることもできます．代表的なコマンドとして，UNIX

でも Windows でも「nslookup」を用いて問合わせを行えます．例えば

　　nslookup www.is.ocha.ac.jp

と問合わせを発行すると

　　...
　　Name: www.is.ocha.ac.jp
　　Address: 133.65.192.70

などというように，ホスト名＋ドメイン名から手動で IP アドレスを引くことができます．このコマンドを覚えておくと，何かの理由で IP アドレスを知りたいときや，ネットワークアプリケーションが正常に動作しない場合にどこが悪いのか調べる時に役立ちます．例えば WWW で URL を指定してもホームページにアクセスできない場合，URL が変更されている，ネットワークの接続が切れている，サーバがダウンしているなど様々な理由が考えられますが，DNS が不調で URL から IP アドレスが正しく引けないことが原因であるケースもあり，その場合問合わせコマンドで DNS が正しく動いているか確かめることができます．また問合わせコマンドとしては，例えば Linux では「nslookup」以外に，「dig」や「host」といったコマンドを用いることができますので，各自コンピュータの上で確かめてみましょう．

第 3 章の章末問題

問題 1　アプリケーションプロトコルとアプリケーションについて，その違いを述べなさい．

問題 2　アプリケーションプロトコルの存在意義を述べなさい．

問題 3　ユーザがブラウザを用いて http://www.is.ocha.ac.jp/ へアクセスしたときに，アクセス開始からリクエストしたドキュメントがブラウザに表示されるまでの処理の経過を説明しなさい．ただし，www.is.ocha.ac.jp の IP アドレスである 133.65.192.70 および以下の用語を使って説明すること．

　　　　　　　DNS，　ドメイン名，　ホスト名，　HTTP，
　　　　　　　デフォルトポート番号，　HTML

第4章
上位層プロトコルとアプリケーション：電子メールその他

> アプリケーション層はアプリケーションそのものではありませんが，具体的なネットワークアプリケーションと共に説明したほうが理解しやすいでしょう．本章では，前章で説明したWWW以外の代表的なアプリケーションとして電子メール，ファイル転送，遠隔ログイン，ネットワークファイル共有を取り上げて，それぞれのプロトコルを紹介します．

● 本書の内容 ●

電子メールのプロトコル
ファイル転送プロトコル：FTP
遠隔ログインプロトコル：TELNET
ネットワークファイル共有プロトコル：NFS

4.1 電子メールのプロトコル

4.1.1 電子メールの概要

前章で述べたように，WWWとは異なり**電子メール**はインターネットの登場当時から存在する歴史あるアプリケーションです．インターネットは，研究者たちが情報を交換しながら改良を重ね作り上げてきたものですが，その情報交換にはインターネット上の電子メールが大いに役立ちました．すなわちインターネットは，自らが提供する機能により発展を遂げてきたのです．

インターネットが出現した当時，その思想として，各コンピュータはそれぞれ世界で一意のアドレスを持ち対等に接続される形がよいという考え方がありました．この考え方に基づき，初期の電子メールの形態は，送信者のコンピュータ自身から送り出され，いくつかのコンピュータを経由して受信者のコンピュータ自身までたどり着くというものでした．現在でも基本的なメールの配信は，このようにいくつかのコンピュータを経由して送り届ける方式です．この方式の場合，宛先のコンピュータは電源がオンになっていなければ受信することができません．以前はコンピュータが高価であったため，複数のユーザが1台のサーバコンピュータを共用で使うような形が一般的で，その場合にはコンピュータの電源を常にオンのままで使うケースが多かったこともあり，このような電子メールの方式でうまくいっていました．

しかし近年コンピュータの価格が劇的に下がり，ユーザ一人ひとりがコンピュータを持つような形となったため，使っていないときにはコンピュータの電源はオフにされることが多くなりました．そのため受信者のコンピュータまで電子メールを送り届けるのではなく，各組織（ドメイン）で電子メール用のサーバを常時立ち上げておき，このサーバがメールの受信と保管を行う形態が一般的となりました．受信者はこのサーバにアクセスし，「私宛の電子メールをください」とリクエストして受け取るのです．

4.1.2 SMTPの動作

それでは具体的な電子メールのプロトコルを見ていきましょう．インターネットのメールアドレスの形式は，ほとんどのみなさんがご存知なのではないかと思います．

4.1 電子メールのプロトコル

図 4.1 SMTP による会話

　ユーザ名@ドメイン名

という形ですね．これはすなわち，「ドメイン名」の組織に所属する「ユーザ名」のユーザ宛に届ければよいわけです．この場合も WWW と同じように，実際の送信処理には IP アドレスが用いられており，ドメイン名から IP アドレスへの変換には DNS が利用されます．DNS へアクセスすることによって，あるドメイン宛のメールを受け取っているのはどのサーバか知ることができ，その IP アドレスを得て送信が行われます．

　電子メールの送信に用いられるプロトコルは **SMTP (Simple Mail Transfer Protocol)** と呼ばれます．SMTP は TCP のコネクションを確立し，制御やデータ転送を行います．使用しているポート番号は 25 番です．クライアントから電子メールのサーバに対しテキストコマンドで要求を行い，サーバからは 3 桁の数字列で応答メッセージが返されます．このプロトコルの会話は，通常はクライアントのメール送受信プログラムとサーバとの間でやり取りされるものですが，WWW の場合と同じくユーザがコマンドを送信してサーバと会話することもできます．

　図 4.1 に SMTP による会話の例を示します．この図の例ではセキュリティ上の理由でメールサーバにアクセス制限があるため，メールサーバ自身へログインしてからアクセスを行っていますが，もし制限がなければ他のコンピュータからこのような形でメールサーバと会話することができます．

この例では，oguchi@is.ocha.ac.jp というアドレスのユーザが SMTP サーバと会話し，oguchi@computer.org というアドレスのユーザへテストメールを送ろうとしています．まず最初に telnet（4.3 節）でメールサーバの SMTP サービスのポート番号（25 番）へコネクションを接続し，`helo` コマンドで

```
helo is.ocha.ac.jp
```

などとこちらのドメイン名を伝えます．そうすると 250 といった 3 桁の数字列で始まる応答メッセージが返ってきます．250 は，送信したコマンドのメール処理要求が完了しました，ということを表す応答の番号です．もしコマンドを間違えたりすると，250 ではなく 500 が返ってきて，これはサーバがコマンドを理解できませんでした，ということを表す応答です．引き続き，mail from コマンドで

```
mail from: <oguchi@is.ocha.ac.jp>
```

と送信元のメールアドレスを伝え，次に rcpt to コマンドで

```
rcpt to: <oguchi@computer.org>
```

などと受信先のメールアドレスを伝えると，それぞれに対し 250 で始まる応答メッセージが返り，会話が成り立っていることがわかります．次に data コマンドを

```
data
```

と入力すると，それ以降送ったメッセージがメールの本文となります．この例では

```
This is a test.
```

がメールの本文です．メールの本文は，サーバからの返事にもあるように，「．（ピリオド）」のみの行を入力することにより終了することを意味して，その時点までに入力されたメッセージが送信されます．実行すると確かに，上記の 1 行だけの中身を持つメールが送信されました．

このようにして，メール送受信プログラムを用いなくても，電子メールのサーバと直接会話してメールを送信できることがわかります．アプリケーションプロトコルは，このようにユーザが直接理解することの可能な会話なのです．

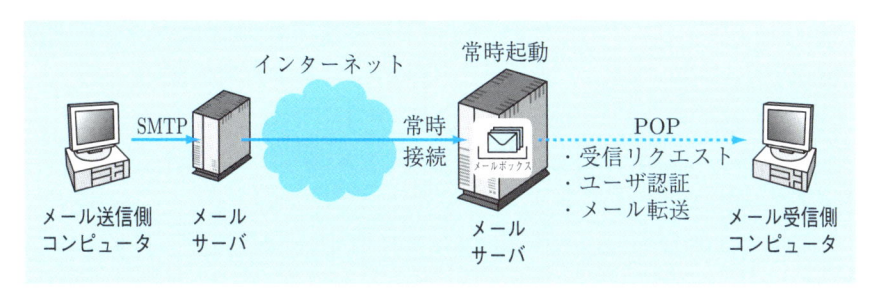

図 4.2 SMTP と POP によるメールの配信

4.1.3 POP の動作

インターネットにおける現在の電子メールは，受信者のコンピュータまで直接届くのではなく，その組織のサーバが受け取り，メールの受信者はサーバへリクエストを出して自分宛のメールを受け取るということを，この章の最初で話しました．すなわち図 4.2 のように，SMTP で送信されたメールはメールサーバが受け取り，このメールサーバに対し受信側のコンピュータがリクエストを出して自分宛のメールを受け取ります．この場合のメールサーバに対するリクエストと正しいユーザであることの確認，そして受信者へのメールの転送を司るのが，**POP** (**Post Office Protocol**) と呼ばれるプロトコルです．現在最も一般的に使われているのはバージョン 3 で，POP3 と呼ばれています．POP3 が使っているポート番号は 110 番です．

受信者は POP サーバ (電子メールを受信したサーバ) に対して POP のコマンドでリクエストを送ります．POP においては，まずユーザ名とパスワードによるユーザ認証を行い，アクセスしてきた者が正しい受信者であるかどうか確かめます．認証が正しく行われたら，クライアントとサーバの間に TCP コネクションが張られて，受信者宛のメールが転送されます．

POP の会話も，以下に示す例のように目で見ることができます．まず telnet でメールサーバの POP サービスのポート番号（110 番）へコネクションを接続します．すると

```
+OK POP3 server ready
```

などとサーバが返事をしてきますので，次にユーザ認証を行います．こちらからは USER コマンドと PASS コマンドでユーザ名とパスワードを送信すると，こ

れが正しければサーバから返事がきます．ユーザ名が oguchi，パスワードが masato だったとしたら，例えば以下のようなやり取りとなります．

```
USER oguchi
+OK User name accepted, password please
PASS masato
+OK Mailbox open, 3 message(s)
```

ここまできたらユーザ認証は成功で，これ以降適当なコマンドを用いて自分宛のメールを取り出すなどの操作をすることができます．例えば

```
LIST
```

というコマンドを送ると，通し番号と各メッセージの長さが表示されます．これに対し

```
RETR 1
```

というコマンドを送れば，1番目のメッセージを受け取り画面に表示することができます．また

```
DELE 1
```

というコマンドは，1番目のメッセージをサーバ上から消去します．最後に

```
QUIT
```

というコマンドで，メールサーバとのコネクションを切断します．メールをサーバから自分のコンピュータへ全て転送してしまえば，あとはネットワークにつながっていない状態でもメッセージを読んでいくことができます．

みなさんがインターネットにおいて電子メールを読み書きするときには，メールツールの中でサーバのアドレスを指定して利用する場合が多いかと思います．つまりメールツールとサーバとは SMTP や POP などのプロトコルで会話が行われており，以上に示した方法でサーバと直接会話することが可能となっています．

一方最近では，WWW のブラウザを利用した**ウェブメール**もよく使われるようになりました．ウェブメールでは，ユーザのコンピュータとメールサーバ

4.2 ファイル転送プロトコル：FTP　　　　　　　　　　　　51

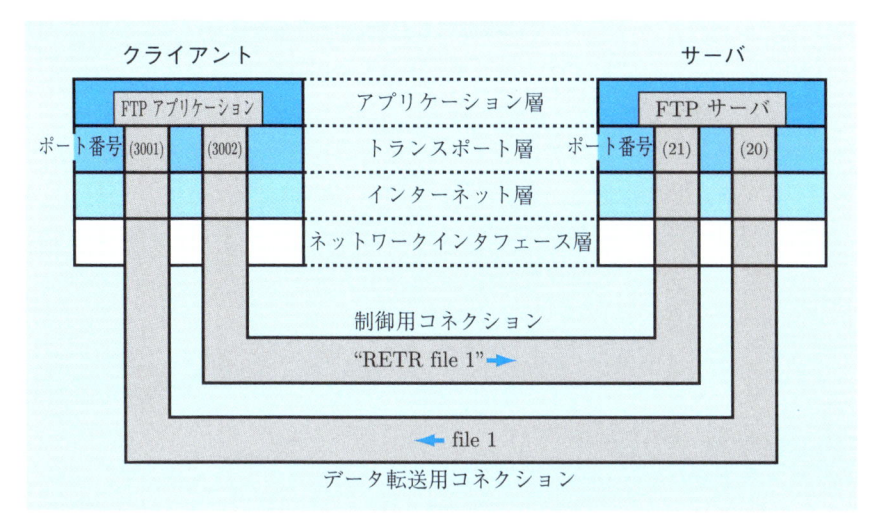

図 4.3　FTP によるファイル転送

との間でプロトコルの会話が行われるのではなく，メールサーバ内で電子メールのプロトコルが動作しています．電子メールの文面などの処理結果を HTML で記述することにより，ユーザとの間は HTTP を用いたドキュメントのやり取りとなります．ユーザのコンピュータに受信メールを丸ごと転送せず，サーバ上に置いたままの状態でメッセージを 1 通ずつ表示する処理を行う必要があるため，使用中はサーバとの間のネットワークが常に接続され続けている必要があります．そのためモバイルネットワーク環境などではウェブメールの使用は限定されますが，逆に有線で常に接続されているネットワークにおいては，有効な電子メールの利用方法といえるでしょう．

4.2　ファイル転送プロトコル：FTP

4.2.1　ftp と FTP

　インターネットのアプリケーションプロトコルとして，電子メールと共に古くから用いられているのが，異なるコンピュータ間で**ファイル転送**を行う **FTP (File Transfer Protocol)** です．FTP には 図 4.3 に示すように，TCP コネクションを二つ利用します．一つがデータ転送用コネクションでポート

番号 20 番を用い，もう一つが制御用コネクションでポート番号 21 番を用います．制御用コネクションでは，ログインするためのユーザ名やパスワードなどが転送されて確認されます．転送するファイル名や転送方法なども，このコネクションを通して指示されます．リクエストされたデータは，データ転送用コネクションを通して送信されます．

FTP を利用する UNIX アプリケーションで最も古くから用いられていたのは，小文字で書く ftp という名前のものです．ftp ではコマンドベースのツールで

> ftp サーバ名

という形でファイル転送相手のサーバへアクセスします．そこでユーザ名とパスワードをきかれますので，正しく応えると接続することができます．すると ftp 独自のプロンプト（>）が返ってきますので，これにファイル転送のためのコマンドを入力し，ファイル転送を実行します．

ユーザが get や put などといった ftp のコマンドでファイル転送を指示すると，FTP プロトコルでは RETR や STOR といったコマンドとしてサーバへ転送されます．リクエストを受け取ったサーバは，その指示に応じて，もう一つのコネクションを使って指定されたファイルの転送を行います．ftp では pwd や ls などの標準的な UNIX コマンドを用いて現在操作しているディレクトリの情報を知ったり，cd でディレクトリを移動したりすることができます．これらのコマンドは，FTP プロトコルではそれぞれ PWD, LIST, CWD などといった FTP コマンドとして，サーバとの間をやり取りされます．

4.2.2 FTP の動作

少し奇妙な実験ですが，FTP が動作しているサーバへ telnet で接続することもできます．FTP の制御用ポートである 21 番に telnet で接続します．すると

> 220 FTP server ready.

などと返事がきます．220 は，新規ユーザに対する準備ができました，という FTP サーバからの応答の番号です．

そこで FTP プロトコルのコマンドで以下のように接続を行います．ユーザ名を oguchi，パスワードを masato としています．

4.2 ファイル転送プロトコル：FTP

```
USER oguchi
331 Password required for oguchi.
PASS masato
230 User oguchi logged in.
```

番号に続く英文にも書かれているように，331 はユーザ名は OK ですのでパスワードを入れてください，という FTP サーバからの応答，230 はユーザがログインしました，という応答です．例えばパスワードを間違えると

```
530 Login incorrect.
```

などという返事がきます．

サーバと接続してログインした後には，FTP プロトコルの他のコマンドを送信することができます．例えば

```
PWD
```

などと入力して現在いるディレクトリ名を知ることができます．

ところが RETR や STOR といった実際のファイル転送を行うコマンドは入力しても受け付けられません．これは何故でしょうか．その理由はこの実験の場合，制御用のコネクションしか接続されていないからです．ftp のような本物のファイル転送アプリケーションでは，2 本の TCP コネクションを張り，制御用コネクションでコマンドを送り，データ転送用コネクションで実際のファイルを転送します．この実験は telnet で制御用コネクションに接続しただけなので，FTP コマンドを送ってもファイル転送を行うことはできないのです．

4.2.3 さまざまなファイル転送アプリケーション

FTP は元々は主に ftp を使って利用されていましたが，最近では GUI (Graphical User Interface) で操作できるファイル転送アプリケーションもあります．その場合には，FTP サーバとその GUI 付きアプリケーションとの間で 2 本の TCP コネクションが張られます．ユーザがファイル転送などの操作をすると，FTP コマンドが制御用コネクションを通って送信され，実際のファイルはデータ転送用コネクションを通る形になっています．GUI が付いていると，コンピュータ上で通常のローカルファイルの移動操作をするかのようにして，異な

るコンピュータとの間でファイル転送を行うことができるため便利です．

またWWWのブラウザにおいて「ftp://」という形でアクセスすることもできます．これはすでに述べたように，URLのスキームとしてftpを指定している形です．

ファイル転送アプリケーションとして，最近ではセキュリティ上の理由からftpをそのまま使うことは少なくなりました．従来のftpでは，ユーザのIDやパスワードが平文のままネットワークの上を流れてしまうからです．最近ではscp (secure cp) やsftp (secure ftp) といった暗号化機能付きのファイル転送アプリケーションが多く用いられるようになっています．サーバについても，暗号化していないFTPアクセスを受け付けるサーバは，パスワードなどを要求せず不特定多数相手にサービスを提供するanonymousサーバと呼ばれるものに限られてきています．通常のファイル転送には，暗号化機能付きのアプリケーションを利用するようにしましょう．

4.3 遠隔ログインプロトコル：TELNET

4.3.1 telnetとTELNET

前節までにおいてWWWサーバやメールサーバなどと会話を行う際に，**telnet**というネットワークアプリケーションを利用しました．このことからtelnetは，プロトコルの会話のやり取りをネットワーク越しの相手に伝えられることがわかります．実際には，telnetも電子メールなどと共に古くから用いられている**遠隔（リモート）ログイン**を行うためのアプリケーションです．telnetは23番ポートを使っています．

遠隔ログインは，文字通り自分の手元にあるローカルコンピュータからネットワーク越しのリモートコンピュータにログインし，遠くのコンピュータを動かしながらあたかもローカルコンピュータで作業しているかのように見せることができる仮想端末機能を提供します．細かい話ですが，telnetはアプリケーションの名称であり，これは大文字で書く**TELNET (TELetypewriter NETwork)** という遠隔ログインのためのプロトコルを用いています．

図 4.4　ローカル環境におけるコンピュータの操作

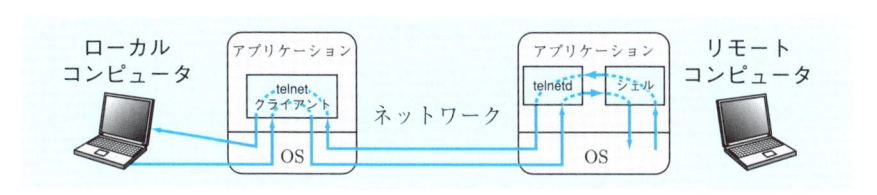

図 4.5　遠隔ログインを用いたリモートコンピュータの操作

4.3.2　シェルの役割

　TELNET は，具体的には telnet アプリケーションをリモートコンピュータのシェルに接続することによって，遠隔ログイン機能を実現します．シェルとはユーザからの指示を受け取り，これをコンピュータの OS に伝えるソフトウェアです．

　図 4.4 は通常のローカル環境でコンピュータの操作を行った場合を表しています．図に示すように，キーボードやマウスなどユーザからの入力は，OS 内のデバイスドライバを経由してシェルに渡されます．シェルはユーザからの指示を解釈して実行します．例えばユーザからファイルを操作する指示が出された場合，シェルがこれを OS に伝え，OS の中でファイル操作が実行されて結果がシェルに返されます．シェルは実行結果をユーザに返すため，再び OS 内のデバイスドライバを経由してこれをディスプレイに表示したりします．

4.3.3　遠隔ログインの動作の詳細

　これに対し遠隔ログインを行うと，ローカルコンピュータにおけるユーザからの入力は，OS 内のデバイスドライバを経由した後，シェルではなく telnet クライアントのソフトウェアに渡されます．遠隔ログインを用いたリモートコンピュータの操作の様子を図 4.5 に示します．シェルに渡されるべきものを，telnet クライアントが横取りするようなイメージです．telnet クライアントは，

ユーザからの入力をリモートコンピュータ上の **telnet** デーモン（**telnetd**：telnet サービスを提供するソフトウェア）に伝えようとします．デーモンについては次章で詳しく説明します．

　ここでネットワークを介した通信が必要となり，その処理を OS に依頼します．OS は通信プロトコルの処理を行い，デバイスドライバがネットワーク機器を駆動して，リモートコンピュータにユーザからの入力を伝えます．

　リモートコンピュータではメッセージを受け取った telnet デーモンは，これをシェルに渡します．シェルはあたかもそのコンピュータ自身から入力があったかのように，ユーザからの指示を解釈して実行します．例えばファイル操作なら OS に伝え，OS で処理が実行されて結果がシェルに戻ります．シェルは実行結果をユーザに返そうとしますが，これがまた telnet デーモンに横取りされるような形で受け取られ，ローカルコンピュータ側に返されます．そして行きと逆向きの経路でネットワークと OS を介して，ローカルの telnet クライアントに結果が返ってきます．最後に telnet クライアントは，OS 内のデバイスドライバを経由してディスプレイに実行結果を表示します．

　TELNET を用いた遠隔ログインはこのようにして実行されています．つまり，ユーザにとってはあたかも目の前のローカルコンピュータで処理を行っているかのように見えますが，実際の処理は全てリモートコンピュータで実行され，ローカルコンピュータはネットワークを利用してやり取りを仲介しているに過ぎません．前節までに示した HTTP や SMTP などのポートに telnet で接続する実験は，このような TELNET の仲介機能を利用し，リモートの他のサービスに接続してやり取りを行っています．

　前述のように遠隔ログインはインターネット上で古くから用いられていますが，最近では telnet の代わりに，**セキュアシェル**（**ssh**）など暗号化された遠隔ログインアプリケーションが利用されることが多くなりました．telnet を用いた場合，ネットワーク上でその通信を傍受すると，やり取りしているメッセージの内容が全て見えてしまいます．特に telnet ではログイン ID やパスワードを流すため，これが傍受されてしまうと非常にまずいことになる可能性があります．したがって最近では，外界から隔離されている実験環境など特殊な場合を除いて telnet を用いることは許されず，代わりに ssh などが用いるようになりました．ssh は telnet の 1 つ隣の 22 番ポートを使っています．

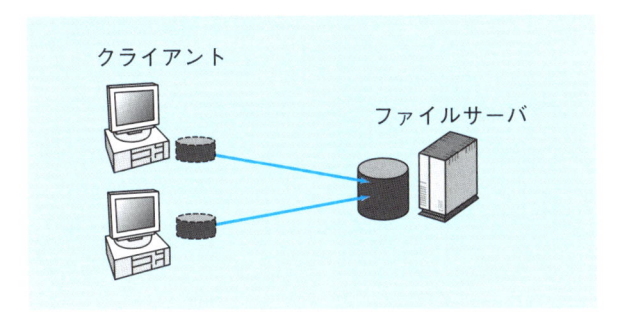

図 4.6　NFS の動作の概念

アプリケーション層	NFS
プレゼンテーション層	XDR
セッション層	RPC
トランスポート層	UDP or TCP
インターネット層	IP

図 4.7　NFS のプロトコル階層

4.4　ネットワークファイル共有プロトコル：NFS

　アプリケーションプロトコルとして，その他に広く使われているものとしては，**NFS (Network File System)** プロトコルがあります．NFS はネットワーク接続されたコンピュータ間で，ハードディスクに格納されたファイルを共有するシステムです．図 4.6 のように，各コンピュータはローカルファイルにアクセスしているように見えて，実体のデータはファイルサーバに格納されているという形となります．

　NFS のプロトコルは，図 4.7 のように階層構造を持っています．一般に TCP/IP のプロトコルモデルでは，上位層を区別しないことが多いのですが，NFS はプレゼンテーション層に相当する **XDR (eXternal Data Representation)**，セッション層に相当する **RPC (Remote Procedure Call)** と共に用いられます．

NFS の下位層のプロトコルとしては，UDP を用いるものが一般的です．ただし NFS バージョン 3 からは TCP を用いることも可能になりました．

また NFS は**ステートレスプロトコル**といわれ，サーバがクライアントの状態（ステート）を関知しません．つまり，例えば NFS で接続されたクライアントが何らかの理由でクラッシュしたとしてもサーバは気づかず，クライアントが再起動されたら何事もなかったかのようにまた接続されます．ステートレスプロトコルはサーバの構造がシンプルになるというメリットがあります．この逆のものを**ステートフルプロトコル**といい，その場合サーバはクライアントがどのような状態で動作しているのか把握しています．NFS においてもバージョン 4 からはステートフルで接続することも可能になりました．

インターネットのプロトコルは，大学や研究所などにより提案されたものが多いのですが，NFS は**サン・マイクロシステムズ (Sun Microsystems)** 社により発売された製品に用いられていたものです．現在は，デファクトスタンダードになり，サン社の製品に限らず広く用いられています．

NFS は主にクライアントもサーバも UNIX である環境において，ネットワークを介してファイル共有を行いたいときに用います．一方クライアントとして Windows を用いる場合，最もよく用いられているファイル共有プロトコルは **SMB (Server Message Block)** と呼ばれるものです．**Samba** というソフトウェアを用いることによって，UNIX のサーバから SMB を使ったサービスを提供することができます．

第 4 章の章末問題

問題 1　以下に示すアプリケーションプロトコルはそれぞれ何という名前の略称か，それぞれ元の英語を書け．

SMTP, POP, FTP, TELNET, NFS

問題 2　問題 1 で取り上げたアプリケーションプロトコルの役割をそれぞれ簡単に説明せよ．

第5章

トランスポート層とコネクションレス型プロトコル：UDP

　前章まではアプリケーション層の解説でした．アプリケーション層は階層プロトコルの一番上に位置し，直接見えるので理解しやすいものではないかと思います．本章からはいよいよ階層プロトコルを下りながら，アプリケーション層より下の各層を見ていきます．

　アプリケーション層のすぐ下はトランスポート層です．本章ではまずトランスポート層プロトコルの概要について述べ，その後にシンプルな構成のコネクションレス型トランスポート層プロトコルであるUDPを取り上げて解説します．

● 本書の内容 ●

プロトコルの概要
トランスポート層コネクション
コネクションレス型プロトコル：UDP

5.1 プロトコルの概要

5.1.1 トランスポート層の特徴

トランスポート層は，ネットワーク越しに通信するプログラム間をつなぐプロトコルです．コンピュータネットワーク上の通信では，あるコンピュータのあるプログラムと別のコンピュータの別のプログラムがデータのやり取りを行うわけですが，プログラムとプログラムの間の直接的なやり取りを面倒見るのがトランスポート層ということになります．コンピュータとコンピュータをつなぐ部分は一階層下のインターネット層で面倒を見ますので，トランスポート層は関知しません．トランスポート層は，プログラム間が通信を行う部分を扱うだけです．

こういったことからトランスポート層は，**エンドツーエンド**のプロトコルであるといわれます．通信を行うコンピュータの間には，複雑な経路から成るコンピュータネットワークが存在する可能性があるわけですが，トランスポート層ではこの間の部分を気にかけません．宛先のコンピュータまで届ける仕事はインターネット層がやってくれますので，トランスポート層は間がつながっているものと仮定し，通信を行う両端のプログラムの間だけでやり取りを考える，すなわちエンドツーエンドのプロトコルということになります．

トランスポート層は，データ転送の**信頼性**を提供することが可能です．信頼性とはデータを確実に相手の元へ届けるということで，途中でエラーが起こってしまった場合に対処するエラー処理，パケットの順序が入れ替わってしまった場合に正しく戻す順序制御，データ転送の速度を適切に調整するフロー制御などが行われます．

5.1.2 TCP と UDP の通信処理概要

トランスポート層の代表的なプロトコルとして，**TCP (Transmission Control Protocol)** と **UDP (User Datagram Protocol)** があります．インターネットにおいて一般的に用いられているトランスポート層のプロトコルは，現在の所この 2 つだけと考えてよいでしょう．トランスポート層の特徴はデータ転送の信頼性を提供可能であることと書きましたが，これを実際に提供するのは TCP だけで，UDP は信頼性を提供しません．その代わり UDP はトランス

5.1 プロトコルの概要

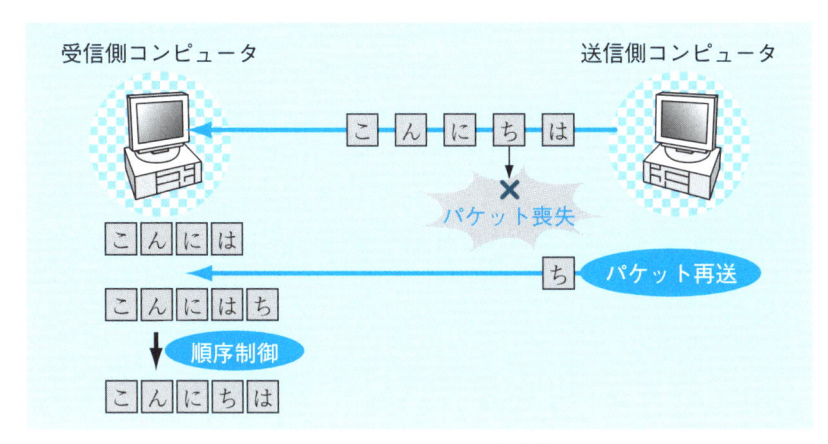

図 5.1 TCP における通信処理

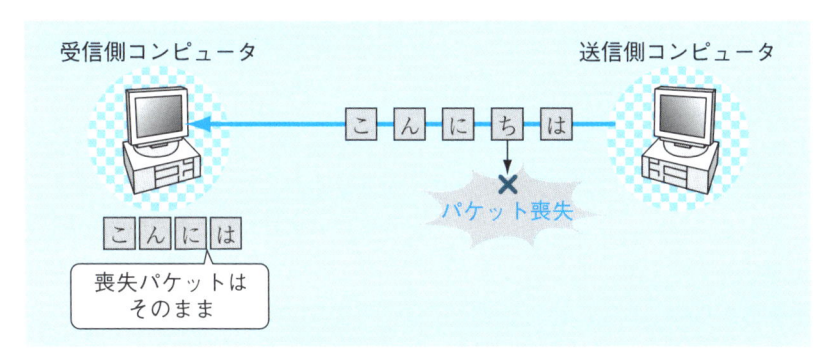

図 5.2 UDP における通信処理

ポート層として最小限の役割だけを果たし，高速に処理を行うことができます．

信頼性を提供する TCP と提供しない UDP がどのような通信を行うのか，そのイメージを図 5.1 と図 5.2 に示します．送信側のコンピュータから送られるメッセージは，適当な大きさごとにパケットに分割されてネットワークへ送り出されます．図 5.1 と図 5.2 では例として 1 パケットに 1 文字ずつ含まれていますが，一般には複数文字のデータが同一パケットに含まれることが多く，どこで分割されるかはプロトコルの処理次第となります．

これらの図では送信中にエラーが起こり，パケットの 1 つが喪失したケースを表しています．TCP においては次章で詳しく述べるように，全てのパケット

が届いたかどうかを確認しながら通信を行いますので，パケットの喪失が起こった場合はそのことが検出され，再送処理が行われます．このように再送が起こると，パケットの到着順序はばらばらになってしまいますが，受信側の TCP ではこれを順序制御により正しく並び替えて，上位層に渡します．パケットの喪失が起こらなかった場合も，ネットワークの状況によってはパケットの到着順序が入れ替わったりすることもありますが，TCP はそのようなケースに全て対処します．したがって下位層に TCP を用いれば，上位層は必ず送信した通りにきちんとパケットが揃ったメッセージを受け取ることが保証されるわけです．

　これに対し UDP は，図 5.2 に示すようにパケットがきちんと届いたかどうかを確認しません．受信側ではパケットが喪失していても，あるいは順序が入れ替わっていても，一切関知せず届いたパケットをそのまま上位層に渡していきます．すなわち UDP は，データが一部でも喪失しては困るような通信には向かず，多少パケットがなくなっても構わないから早く処理して欲しいというタイプの，例えばマルチメディア通信などに用いられます．

5.1.3　ポート番号

　コンピュータの中で，どのプログラムが通信を行っているのか識別するために，前章までの説明でもしばしば出てきた**ポート番号**という数字が用いられます．ポート番号を用いることにより同じコンピュータ上の複数のプログラムが識別され，したがってこれらが同時に通信可能となります．また逆に，一つのプログラムが同時に複数の通信を行うことも可能となります．いずれの場合も，相手方のプログラムとの接続は，ポート番号を元に行われます．

　図 5.3 にはトランスポート層とポート番号の概念図が示されています．詳しくは後述しますが，パケットで TCP ヘッダの前に付いている IP ヘッダにはアドレス情報が含まれており，インターネット層においてはこの情報によりパケットを行き先のコンピュータへと転送していきます．一方 TCP ヘッダにはポート番号の情報が入っており，トランスポート層においてこの情報に基づき，行き先のプログラムを決定します．

　クライアント・サーバ型のシステムにおいては，デーモンと呼ばれるサーバプログラムが決まったポート番号でクライアントからの接続を待ちます．**デーモン**（**Daemon**）とは，サーバ上で常時起動しており，リクエストを受けて特

5.1 プロトコルの概要

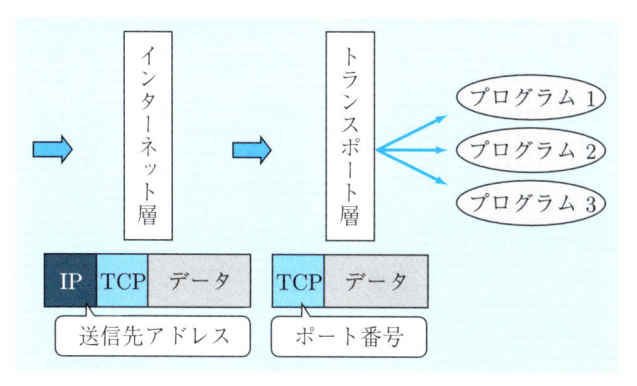

図 5.3 トランスポート層とポート番号

ポート番号	プロトコル	キーワード	内容
20	TCP/UDP	ftp-data	File Transfer [Default Data]
21	TCP/UDP	ftp	File Transfer [Control]
22	TCP/UDP	ssh	SSH Remote Login Protocol
23	TCP/UDP	telnet	Telnet
25	TCP/UDP	smtp	Simple Mail Transfer
80	TCP/UDP	http	World Wide Web HTTP
110	TCP/UDP	pop3	Post Office Protocol-Version3
139	TCP/UDP	netbios-ssn	NETBIOS Session Service (SMB)

図 5.4 TCP と UDP の代表的なウェルノウンポート番号

定の処理を行うプログラムです．例えば「**httpd**」は HTTP デーモンでポート番号は 80 番，「**telnetd**」は TELNET デーモンでポート番号は 23 番といった具合です．「**inetd**」はスーパデーモンと呼ばれ，多くのポート番号へのサービス要求を一括して受け取り，それぞれ該当するサーバプログラムに渡します．

このようにポート番号は，標準で使用する番号が決められているものと，そうでないものがあります．標準で決められたポート番号には，**ウェルノウンポート番号**（**well-known port number**）と呼ばれるものがあり，0〜1023 までが使用されています．これは httpd, telnetd などの例のように，特定のプログラムが使用する番号として決められており，これらの番号を他のアプリケーショ

ンが勝手に使用してはいけません．ウェルノウンポート番号以外でも，1024〜49151 は正式に登録されたプログラムが使用するポート番号ということになっています．TCP と UDP の代表的なウェルノウンポート番号を図 5.4 に示します．

　一般には TCP または UDP どちらかのみでしか用いられないアプリケーションについても，TCP と UDP の両方で使用できることになっている場合が多いです．ウェルノウンポート番号は **ICANN (Internet Corporation for Assigned Names and Numbers)** という組織で使用が規定されています．ICANN によるウェルノウンポート番号表は，以下のページに掲載されています．

　　http://www.iana.org/assignments/port-numbers

　一方これ以外の番号は，特定のプログラムが使用するものとして決められていません．通信を行うプログラムに対し，一般には OS が適宜ポート番号の割り当てを行います．アプリケーションプログラムが明示的に，使用するポート番号を決めることも可能です．その場合には，ウェルノウンポート番号などの使用は避けなければなりません．

5.2　トランスポート層コネクション

5.2.1　コネクションの識別

　TCP/IP を用いた通信において，通信相手の特定に必要な情報は 5 項目あります．「送信元 IP アドレス」，「宛先 IP アドレス」，「送信元ポート番号」，「宛先ポート番号」，「プロトコル番号」の 5 つです．このうち**プロトコル番号**は，どのプロトコルを使っているか，具体的には TCP であるか UDP であるかを表し，TCP なら 6，UDP なら 17 という番号が指定されます．そして，送信元の IP アドレスとポート番号，宛先の IP アドレスとポート番号といったすべての項目が指定されると，そのパケットがどこからどこへ送られるのか識別できるようになるのです．5 項目の情報のうち，送信元ポート番号と宛先ポート番号はトランスポート層のヘッダに含まれ，送信元 IP アドレス，宛先 IP アドレス，プロトコル番号はインターネット層のヘッダに含まれます．

　この 5 項目を用いてコネクションを識別している例を図 5.5 に示します．

5.2 トランスポート層コネクション

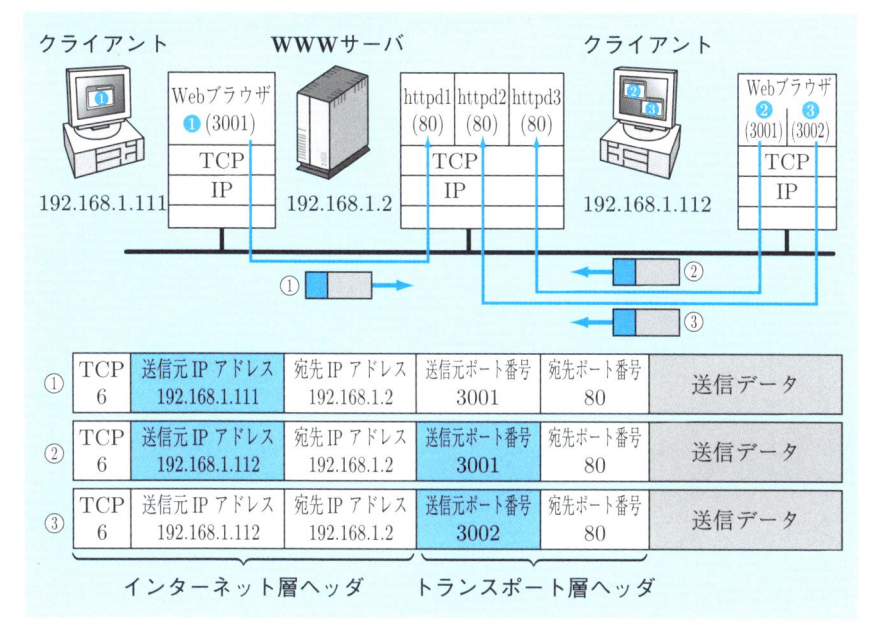

図 5.5 5項目の情報によるコネクションの識別

図5.5では，2台のクライアントがブラウザから1台のウェブサーバにアクセスしています．サーバは1台なのでIPアドレスは一つであり，ウェブサーバはいくつかコネクションを同時に受けることが可能で，その際のポート番号は同一（80番）です．

まず2台のクライアントは，どのように区別されているでしょうか．①のパケットと②および③のパケットは送信元IPアドレスが異なりますので，これで区別することができますね．次に②のパケットと③のパケットは，送信元アドレスが同じなので，この情報だけで区別することはできません．しかし，同じクライアント上であっても異なるブラウザは使用しているポート番号が異なります．したがって送信元のポート番号を比べることにより，二つのブラウザを区別することができます．

このようにしてサーバは，どのクライアントのどのブラウザから来たアクセスであるか判断することができます．もしこの判断を間違えると，あるブラウザからのアクセス結果が他のブラウザに表示されるといった奇妙なことが起こっ

てしまう可能性がありますが，5項目の情報を比べることにより，区別が可能になります．

5.2.2 コネクションのポート番号の確認

ユーザコマンドを用いて，コネクションのポート番号を確認することができます．コマンドの文法は OS によって多少違いますが，例えば netstat というコマンドが用いられます．Linux においては

```
netstat -n --inet

Proto Recv-Q Send-Q Local Address    Foreign Address      State
tcp     0      0    192.168.1.2:22   192.168.1.111:32795  ESTABLISHED
tcp     0      0    192.168.1.2:22   192.168.1.112:33274  ESTABLISHED
```

といったように調べることができます．この例では，自分のコンピュータの IP アドレスは 192.168.1.2 であり，22 番ポートに 2 つの TCP コネクションがつながっていることがわかります．接続相手は 192.168.1.111 と 192.168.1.112 のアドレスを持つ 2 台のコンピュータで，それぞれ 32795 番と 33274 番のポートが使われています．22 番は ssh のポート番号であることから，このコンピュータはセキュアシェルのサーバ機能を持っており，2 台のクライアントから ssh の接続が行われた状態であろうと考えられます．

また Windows ではコマンドプロンプトから

```
netstat -n

Proto Local Address        Foreign Address      State
TCP   192.168.1.112:1036   192.168.1.2:139      ESTABLISHED
TCP   192.168.1.112:1233   192.168.1.104:139    ESTABLISHED
TCP   192.168.1.112:4123   192.168.1.2:22       ESTABLISHED
```

というように調べられます．この例では，コンピュータの IP アドレスは 192.168.1.112 であり，192.168.1.2 にポート番号 22 と 139 の 2 つの TCP コネクション，192.168.1.104 にポート番号 139 の 1 つの TCP コネクションが接続されています．ポート番号 22 は上記の例でわかるようにセキュアシェルサーバであり，一方ポート番号 139 は SMB が用いるポート番号ですので，2 台の

ファイルサーバとファイル共有しているということがわかります.

実は Linux の例も Windows の例も，`netstat` のオプションで -n を付けないと，IP アドレスとポート番号の代わりに，ホスト名とサービス名などで表示されます．これによって，何番のポートが何のサービスで使われているかなどを調べることできますので，確かめてみてください．

5.3 コネクションレス型プロトコル：UDP

5.3.1 TCP と UDP の比較

前述のように TCP はデータ転送の信頼性を提供し，UDP は提供しません．コンピュータネットワークの分類で見ると，TCP はコネクション型，UDP はコネクションレス型（データグラム型）となります．UDP は複雑な処理を行わない代わりに，高速に動作します．したがって高い信頼性を必要とする通信には TCP を，高速に処理を行いたい通信には UDP を用います．この両者は目的別に使い分けられるもので，どちらかが優れたプロトコルといったことではありません．

前章までに取り上げたアプリケーションでは，WWW の HTTP，電子メールの SMTP や POP，ファイル転送の FTP，遠隔ログインの TELNET などは下位層に TCP を用いています．一方 DNS や，後述する DHCP，RIP などでは UDP を用いています．NFS のように同じプログラムで TCP と UDP の両方を利用可能なものもあります．そのような場合，使用するポート番号は同じである可能性もありますが，コネクションの識別には「プロトコル番号」も含まれており，これによって TCP であるか UDP であるかを区別することができます．

5.3.2 UDP の概要

これから TCP と UDP の詳細を見ていきますが，まず本章では複雑な処理を行わない UDP から見ていきましょう．TCP は次章で詳しく述べます．

UDP は，ネットワークが混雑していても送信量を制御しない，パケットが失われても再送制御しないといったプロトコルであるため，UDP を使用した場合にはアプリケーション自身が必要に応じて制御を行います．その代わり，TCP のように「コネクションを張る」といった準備なしにパケットの送信が可能で

```
0              15 16                31 (ビット)
┌──────────────┬──────────────────┐  ┬
│ 送信元ポート番号 │  宛先ポート番号   │  │ UDP
├──────────────┼──────────────────┤  │ ヘッダ
│  パケット長    │   チェックサム     │  ┴
├──────────────┴──────────────────┤
│              データ               │
└─────────────────────────────────┘
```

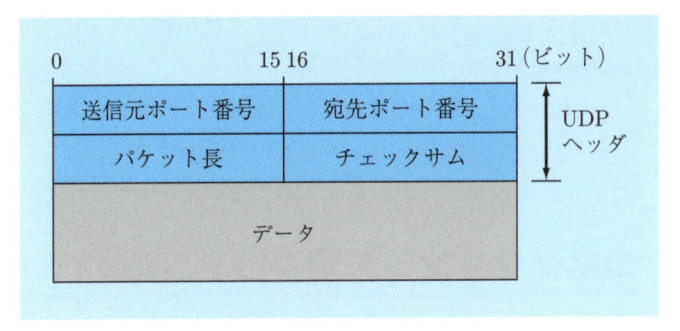

図 5.6　UDP のヘッダフォーマット

す．UDP は通信相手にパケットを届けるだけの仕事を行い，届いたパケットにはエラーが含まれていないことだけを保証します．パケットそのものが届くかどうかは保証していません．UDP に向いた用途としては，総パケット数が少ない通信，動画や音声などのマルチメディア通信，LAN のようにエラーが起こりにくいネットワークに限定したアプリケーションの通信，ブロードキャストやマルチキャスト通信などが挙げられます．またアプリケーション自身においてパケットのエラー制御やタイミングの精密なコントロールなどを行いたいという場合にも，UDP が用いられます．

5.3.3　UDP ヘッダフォーマット

UDP のヘッダフォーマットは図 5.6 のような構成です．次章で述べる TCP のヘッダフォーマットと違って，必要最小限の情報しか含まれていないシンプルなものになっています．

通信相手を特定する情報として，まず「送信元ポート番号」と「宛先ポート番号」が含まれています．これ以外に，「パケット長」は UDP ヘッダとデータの長さの和を示します．UDP ではヘッダ長が 8 オクテットと固定長であるため，パケット長により送信データの大きさがわかります．

また「**チェックサム（checksum）**」はヘッダとデータにビットエラー（ビット化けなどビット単位でのエラー）が起きていないか確かめるためのものです．これは以下のように用いられます．

まず送信側で**擬似ヘッダ**を付加し，パディング（不足するデータの補填）を行って 16 ビットの倍数になるようにします．UDP の擬似ヘッダは図 5.7 に示

5.3 コネクションレス型プロトコル：UDP

```
0                    15 16                    31 (ビット)
┌─────────────────────────────────────────────┐
│             送信元 IP アドレス                │
├─────────────────────────────────────────────┤
│             宛先 IP アドレス                  │
├──────────┬──────────┬───────────────────────┤
│パディング│プロトコル番号│    UDP パケット長    │
└──────────┴──────────┴───────────────────────┘
```

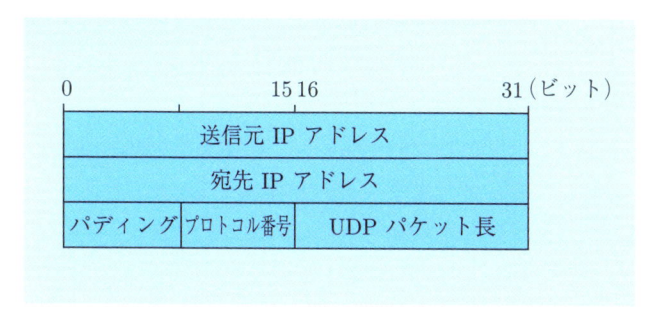

図 5.7　UDP の擬似ヘッダ

すようなものです．通信相手を特定する情報である「送信元 IP アドレス」，「宛先 IP アドレス」，「プロトコル番号」の 3 項目が擬似ヘッダに含まれています．送信側でこれらのデータのチェックサムの計算を行い，その値をチェックサムフィールドに挿入して送信します．受信側でも擬似ヘッダを用いてチェックサムの計算を行い，チェックサムフィールドの値と照らし合わせ，途中でビットエラーが起きていないかどうかを調べます．

5.3.4　チェックサムの計算

チェックサムの計算は，以下のように行われます．最初にチェックサムの計算に用いられる 1 の補数和について説明します．

まず 1 の補数とは，負の数を表すために用いる表現形式の 1 つで，単純に各ビットを 1 から 0 にあるいは 0 から 1 に反転させたものとなります．例えば 1 の補数で −1 を表すと，1 すなわち 0x0001 の各ビットを反転させて 0xFFFE となります．したがって 1 の補数においては数としての 0 の表現が，0x0000 と，このビットを全て反転させた 0xFFFF の 2 通り存在します．これは 0 を表現するのに，+0 と −0 の 2 つの表現があるということを意味します．また例えば 0x0001 と，このビットを反転させた 0xFFFE を足すと 0xFFFF，すなわち 0 になり，これは 1 と −1 の和が 0 になるという計算をしたことになります．

次に 1 の補数和とは，1 の補数を取りその和を計算するということなのですが，1 の補数における和は通常の和の計算を行い，左の桁への桁上がりを右から足し込んだ値に等しくなります．例えば 0x1234 に 0xFFFF を足した場合を考えると，これは 0x11233 となり，桁上がりを右から足しこんで 0x1234，つまり元の値になります．0xFFFF は 0x0000 と同じく 0 を表しているため，こ

の値を足しても元の値のままとなるのです．

　チェックサムをビットエラーの確認に用いる場合，送信側ではまず擬似ヘッダを加えチェックサムフィールドを 0 で埋めます．そして 16 ビット単位で区切ってパケット全体の 1 の補数和を求め，この値の 1 の補数を求めてチェックサムフィールドに入れ送信します．このときチェックサムフィールドには，それ以外の部分の 1 の補数和を計算した値に対する 1 の補数が入っていることになります．

　このパケットがビットエラーを起こさずに受信側に届いた場合，送信側と同様の処理を行ってチェックサムを含むパケット全体の 1 の補数和を計算すると 0（0xFFFF）になるはずです．何故なら，チェックサム以外の部分の 1 の補数和とチェックサム部分とは，1 の補数の関係にあるからです．もしそうならなかった場合には，送信中にどこかのビットが化けてしまったことがわかり，ビットエラーを検出できます．

　このようにして UDP は，送受信されたパケットにエラーが含まれていないことを保証します．ただしパケットそのものが喪失することには対処しません．トランスポート層でそのようなエラーに対処して欲しい場合には，次章で述べる TCP を用いるわけですね．チェックサムは TCP でも利用されており，計算方法は UDP の場合と同様です．

第 5 章の章末問題

問題 1　以下のうちから TCP/IP のコネクションを識別するために必要な情報をすべて選べ．

　　宛先ポート番号，パケット長，送信元 IP アドレス，宛先 MAC アドレス，
　　シーケンス番号，プロトコル番号

問題 2　チェックサムの計算の際に何故擬似ヘッダを付加して処理するのか．またこの処理は，階層プロトコルの精神から考えた場合に適切といえるか．

第6章
トランスポート層とコネクション型プロトコル：TCP

> 本章ではTCPを解説します．TCP/IPプロトコルと呼ばれる通り，TCPはこのプロトコル群の中心的な存在の一つです．TCPにはたくさんの機能が詰め込まれています．これらを一つずつ見ていきましょう．

●本書の内容●
TCPの通信手法
ウィンドウ制御
TCPヘッダフォーマット

6.1 TCPの通信手法

6.1.1 プロトコルの概要

TCP は，Transmission Control Protocol というその名前の通り，通信を制御するプロトコルです．制御機能が充実し，信頼性の高いプロトコルということができます．具体的には，ネットワークの途中でパケットが喪失した場合の検出と再送，パケットの順序が入れ替わった場合の制御，パケット到達の確認などの機能を提供します．

TCP がこれらの制御に用いるパラメータとして，**シーケンス番号（Sequence Number）** と **確認応答（ACK：Acknowledgement）** があります．シーケンス番号は，送信側が送信データをオクテット単位でカウントし，送信時にヘッダに付与したものです．一方，確認応答は，受信側が送信側にパケットが到達したことを通知する役割を持ちます．具体的には，受信パケットのシーケンス番号に 1 を足した値を返します．これはすなわち，「次はこのシーケンス番号のパケットを送信してください」と通知していることになります．

図 6.1 はコンピュータ A がコンピュータ B にパケットを送っているところを表しています．まずコンピュータ A が 1000 オクテット分のパケットを送信すると，シーケンス番号は 1000 となります．これをきちんと受信したコンピュータ B は，ACK として 1001 を返します．次にコンピュータ A は 1001 から 2000 までのパケットを，シーケンス番号 2000 として送ります．受信したコンピュータ B は，2001 を ACK として返します．

もし ACK が返らなかった場合には，パケットが喪失したものと判断され再送が行われます．この場合，**否定確認応答（NACK：Negative Acknowledgement）** を用いて受信側が送信側に喪失したパケットを知らせたり，**選択確認応答（SACK：Selective Acknowledgement）** を用いて届いたパケットの範囲を知らせたりするという方法もあるのですが，ここでは上記のように単純な ACK のみを用いる制御方式を見ていきましょう．

パケットの喪失を判断する最も単純な制御方式は，**タイムアウト**です．すなわち一定時間内に ACK が返ってこなかったら，送信したパケットが喪失したものとして再送を行います．図 6.2（上）では，コンピュータ A の送ったパケットが喪失しています．この場合コンピュータ B は ACK を送らないため，

6.1 TCPの通信手法

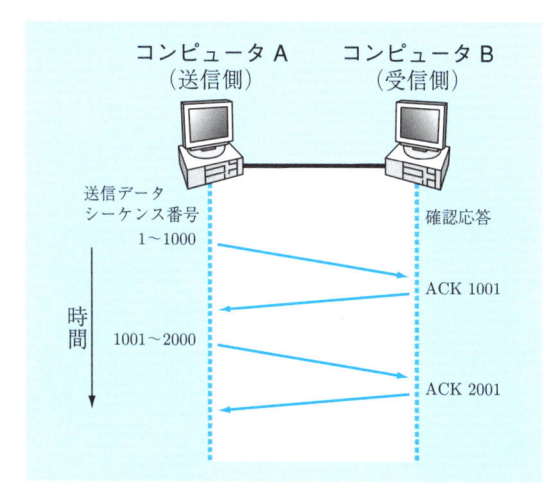

図 6.1 データ送信と確認応答

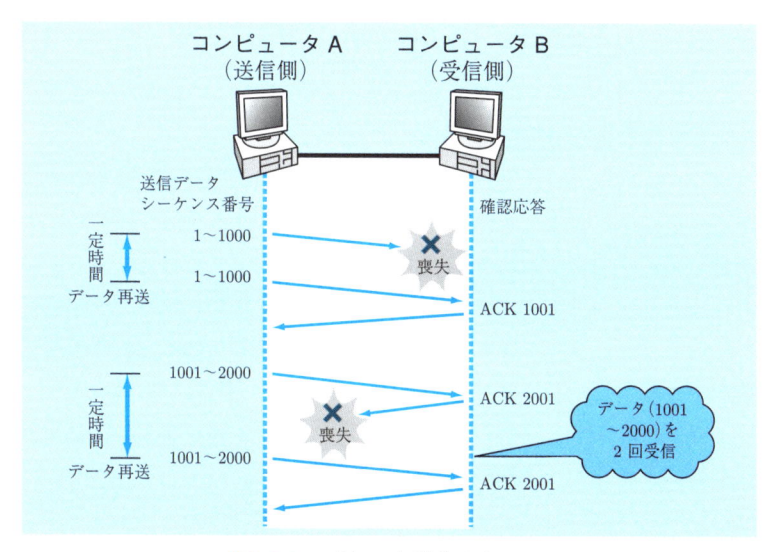

図 6.2 パケット喪失のケース

コンピュータ A はいつまで待っても ACK を受け取ることができません．そこで一定時間 ACK がこなかったら，コンピュータ A はパケットを再送します．

一方，ACK が喪失するケースも考えられます．図 6.2（下）には，コンピュータ B が送信した ACK が喪失したケースも示されています．この場合，実際に

はコンピュータ B はコンピュータ A からのパケットをすでに受信しているのですが，コンピュータ A はそれを知ることができないので，タイムアウトとなりパケットを再送してしまいます．コンピュータ B は同じデータのパケットを 2 回受け取ることになりますが，そのことは大きな問題にはならないでしょう．

　タイムアウトの値は，どのように決めたらよいでしょうか．タイムアウトの値が長すぎると，パケットや ACK が喪失した場合になかなか再送が行われず，通信性能が低くなってしまいます．逆にタイムアウトの値が短すぎると，送信側は受信側がきちんとパケットを受け取り ACK を返しているにも関わらず無駄に再送してしまう可能性があります．基本的には，送信側よりパケットを送信し，受信側から ACK が返されて送信側へ戻ってくるまでの往復時間（**round-trip time：往復遅延時間**）が目安となります．ただしインターネット上ではパケットの転送時間が一定でないため，多少の揺らぎを考慮して，往復遅延時間に少し余裕を持たせた値がタイムアウトとして適当でしょう．揺らぎが小さい場合と大きい場合がありますので，往復遅延時間の平均ではなく，極大値を目安に決める必要があると考えられます．

6.1.2　コネクションの確立と切断

　TCP はコネクション型プロトコルですので，通信するためにコネクションを確立する必要があります．実際に送りたいデータを送る前に，通信相手とやり取りをしてデータを送るための準備をするわけです．これに対し UDP の方はそのようなやり取りはせず，予告なしにいきなり送りたいデータを相手に送ることが可能でした．コネクションを確立することにより信頼性のある通信を行うことができるようになりますが，そのためにはまず準備が必要になりますので，以下で述べるような手順を省いて軽くしたプロトコルが UDP であるということができます．

　TCP は通信の準備として，通信相手と 1 往復半のやり取りを行います．3 つのパケットが行ききしてから相手とつながる（握手する）ことから，**スリーウェイハンドシェイク (3-way handshake)** と呼ばれています．図 6.3 の上半分のようにまず送信側が，これから通信を行いたいことを示す **SYN (Synchronization)** というコネクション確立要求のパケットを送信します．これを受けた受信側は，送信側からの SYN に対する確認応答である ACK と，受信側から

6.1 TCP の通信手法

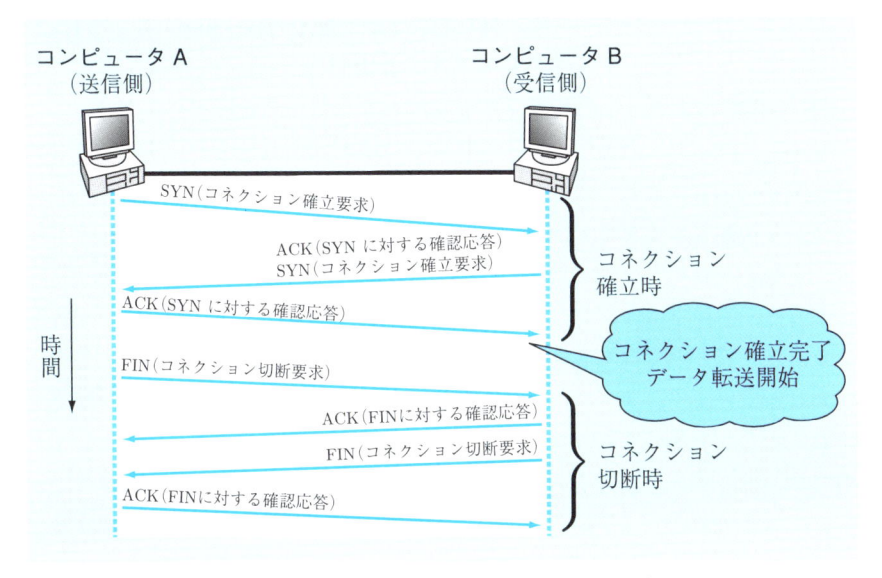

図 6.3 コネクションの確立（3-way handshake）と切断

送信側へのコネクション確立要求の SYN を兼ねたパケットを送信します．送信側がこのパケットを受け，受信側からの SYN に対する ACK パケットを送信し，これが受信側に届いたらコネクション確立が完了です．その後は，双方からデータを送信し合うことができるようになります．

コネクション確立時には，今後の通信を行うにあたり必要な情報をお互いに交換します．その一つの情報として，**最大セグメント長**（**MSS：Maximum Segment Size**）があります．TCP で大量のデータを送信する際には一定の大きさに分割しますが，その際の分割単位となる大きさが MSS で，これを送信側と受信側でやり取りして決定します．この MSS については，IP の機能を説明する際に詳しく述べますが，経路中の最小データ転送単位に合わせることにより，通信経路の途中でパケットが分割されることを防ぐことができます．

一方，TCP において通信を終了するときはどのような手順を踏めばよいでしょうか．何もせず通信をやめてしまっても終了とはなりますが，一方が勝手に通信をやめた場合，相手側が送信データや ACK を待つことになってしまいます．したがってコネクション型プロトコルである TCP の手順としては，やはり通信を終了する旨をきちんと相手に伝えるべきであると考えられます．

図 6.3 の下半分に示すように，通信を終了する場合には，相手に対し **FIN** というコネクションの切断要求を送ります．受信側はこれに対し確認応答である ACK を送信します．この時点ではまだ**ハーフクローズ**と呼ばれるコネクションが半分だけ閉じた状態であり，受信側が送信側に対し送りたいデータがまだ残っていた場合には送ることができます．その後，受信側から送信側へのコネクション切断要求である FIN が送られ，送信側からこれに対する ACK が届いて，コネクションが完全に切断となります．

ところで本節ではセグメントという言葉が出てきましたが，TCP/IP の階層プロトコルにおいてはパケットを表す言葉がいくつかあり，階層ごとに呼び名が異なっています．まずパケットという言葉については，一塊のデータを表す一般用語として用いられています．これに対し，トランスポート層においては**セグメント**，インターネット層においては**データグラム**，ネットワークインタフェース層においては**フレーム**という言葉が「パケット」を指す呼び名としてよく用いられます．TCP セグメント，IP データグラム，そしてイーサネットフレームなどと呼びますので，そのような形で覚えておいたらよいでしょう．

6.1.3 パケット喪失のケース

もしコネクションの確立や切断のやり取りの途中にパケットが喪失したらどうなるでしょうか．コネクション確立時のパケットの喪失に関しては，タイムアウトとなり再送が行われます．これは通常のパケット喪失と同じ手順で回復されます．

一方，コネクション切断時のパケット喪失は少しやっかいです．最後のパケット，図 6.3 では送信側からの ACK になりますが，これが無事に受信側に到着したことを送信側はどうやって知るのでしょうか．実は確認する手段がありません．最後のパケットを確認するためには，そのパケットに対する ACK を返せばよいですが，そうすると今度はその ACK が確実に到着したことを確認しなければいけなくなり，さらにその ACK が必要，という話になってしまいます．この状況は「**二つの軍隊問題（two-army problem）**」と呼ばれます．

図 6.4 に示す「二つの軍隊問題」では，片方の軍（青軍）が二手に分かれ，間の谷間にいるもう片方の軍（白軍）を挟んで陣取っています．青軍は，二手に分かれた部隊が合同で白軍を攻撃すれば勝つ兵力を持っていますが，単独では負

図 6.4　二つの軍隊問題

けてしまいます．そこで二手に分かれた青軍部隊が連絡を取り合い同時に白軍を攻めようとしますが，その連絡のための斥候が谷間を通る際に敵に捕まってしまう可能性があるため，連絡が相手に確実に伝わったことを確認してから攻撃したいと考えます．しかし，その連絡が伝わったことの確認を伝える斥候も，敵に捕まってしまう可能性があります．このような状況で青軍は勝てるでしょうか．実は青軍の双方の部隊が共に連絡が相手に伝わったことを確信する方法はなく，青軍は決して白軍を攻めることができないことが証明されています．

話を戻してTCPのコネクション切断時のパケット喪失問題は，同じように双方が互いの連絡を確実に相手に伝えたことを確認することが決してできません．したがって，コネクションを正しく切断する完全な手順は存在しないのです．ただ幸いなことにTCPコネクション切断は平和な問題で，もしACKが喪失して情報が相手に伝わったことを確認できなかったとしても深刻な事態には至りません．最終的にはデータの送信が行われなくなったらタイムアウトでコネクションを切断すればよいからです．

6.2　ウィンドウ制御

6.2.1　スライディングウィンドウ方式

前節までに，TCPではACKを使って送信データが到達したことを確認するということを説明しました．しかし，コンピュータの中におけるデータ処理時間に比べて，ネットワークを介した通信にかかる時間というのは桁違いに長い

ため，ACK が返ってくるまで次のデータを送信しないのは非効率です．この対策としては，まだ ACK を受け取っていなくても，ある程度の数のパケットを連続して送信すればよいでしょう．ただしこのときあまりに多くのパケットを送り過ぎてしまうと，受信側のバッファが溢れて受け切れなくなってしまう可能性もあります．

そのため送信側が ACK を待たずに連続して送信できるパケットの制限数を決める必要があります．これを**ウィンドウサイズ**（window size）と呼びます．つまり送信側は，ウィンドウサイズとして決められた数まで，ACK を受けることなしにパケットを送信し続けることができます．

このウィンドウサイズは，どうやって決めればよいでしょうか．受信側がパケットを受け切れるようにするためには，自分のバッファの状態に基づき，受信側が送信側に適当な大きさを知らせればよいでしょう．そのように受信側から通知されるウィンドウサイズを，**広告ウィンドウ**（advertised window）と呼びます．

ウィンドウサイズを用いた送信制御の方法として，**スライディングウィンドウ方式**があります．図 6.5 のように，コンピュータ A からコンピュータ B にパケット送信する場合を考えます．

この送受信環境において，ウィンドウサイズは 4000 オクテットであるとします．シーケンス番号 1000 から 4000 の 4000 オクテットのパケットを連続して送った場合，送信したまま ACK 待ち状態のパケットが窓（ウィンドウ）に表示されます．窓の幅は最大の場合でウィンドウサイズが限界ということになり，それ以上は広げることができません．つまり最大まで開いた状態では，ACK が返ってくるまで待つしかないのです．またウィンドウに表示されているデータは，再送を行う可能性があるため，送信側がバッファに保持しておかなければなりません．

ここでシーケンス番号 1000 のパケットに対する ACK 1001 が返ってきたとします．これによりコンピュータ A はコンピュータ B がシーケンス番号 1000 のパケットを無事受信したことを知ります．こうなると 1000 のパケットはもはやウィンドウに表示しておく必要がなくなり，再送の可能性がなくなったためデータを破棄して，ウィンドウを右に一つスライドさせることができます．すなわち次のシーケンス番号 5000 のパケットを送信することが可能になるので

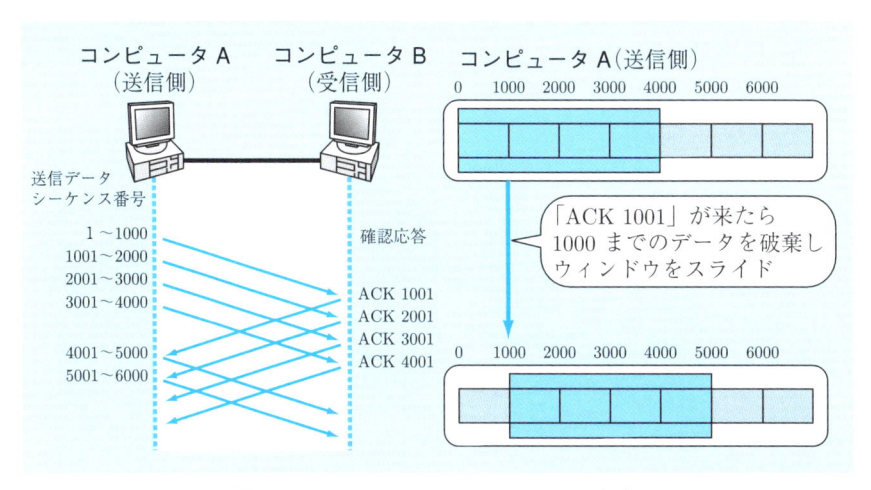

図 6.5　スライディングウィンドウ方式

す．こうやってウィンドウサイズと同じ大きさの窓をスライドさせながら，パケットをどこまで送信してよいか制御する手法がスライディングウィンドウ方式です．

6.2.2　ウィンドウ制御におけるパケット喪失

　それでは次にウィンドウ制御を用いている場合に，パケットが喪失するとどのようなメカニズムが働くか見ていきましょう．まず次ページの図 6.6 に示すように，送信パケットが喪失した場合です．送信側はパケットを連続して送信しているため，一つのパケットが失われても，その次のパケットが受信側に届くことになります．このとき受信側は，最後に返したACKを繰り返し送信します．

　例えばシーケンス番号 1000 のパケットに対し受信側が 1001 の ACK を返した後，次のシーケンス番号 2000 のパケットが喪失したとします．受信側にはその次のシーケンス番号 3000, 4000 といったパケットが届きますが，まだシーケンス番号 2000 のパケットが届いていないため，受信側は 2001 の ACK を返せず，代わりに 1001 の ACK を返します．すなわち，2000 のパケットが届かない限り，1001 の ACK が返り続けるのです．このような現象を，**重複確認応答**（**重複 ACK**）と呼びます．送信側は，いつまで待っても 2001 の ACK が返ってこなければタイムアウトとしてシーケンス番号 2000 のパケットを再送することになりますが，1001 の ACK が続けて返ってきた場合には，シーケンス番

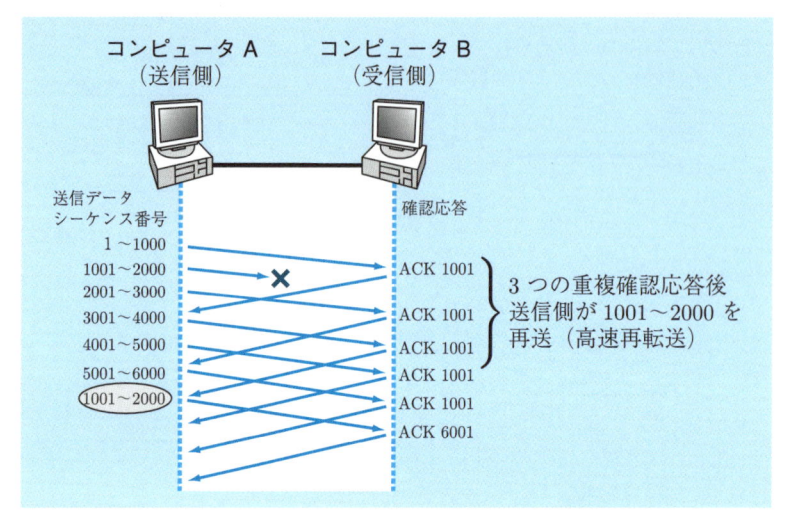

図 6.6 ウィンドウ制御におけるパケット喪失

号 2000 のパケットが抜けてしまい，その後のパケットが受信側に届いているということをタイムアウトより前に知ることができます．

この例のように同じ番号の ACK を連続して 3 つ受けた場合には，その次のパケットが喪失したと判断して再送を行います．このような形のパケット再転送を，**高速再転送**といいます．タイムアウトを待たずに再送を行うので，高速というわけですね．

一方，ACK が喪失した場合にはどうなるでしょうか．ウィンドウサイズがある程度大きな場合には，パケットが連続的に送られ，これに対する ACK も続けて返されることになります．例えば 2001 の ACK が抜けたとしても，その後 3001 の ACK が返ったとしたら，送信側は受信側がシーケンス番号 3000 だけでなく 2000 のパケットも受信していることを確認できるため，2000 のパケットの再送は不要となります．何故ならもし 2000 のパケットが喪失していたら，受信側は 1001 の ACK を返し続けるからです．このように，ウィンドウをある程度大きくしておくことによって，ACK が喪失したケースにおける不必要な再送を防ぐことができます．ウィンドウが小さい場合や送信されるパケットの数が少ない場合には，次の ACK が返されずタイムアウトを待ってパケットの再送信が行われることになり，このことからもウィンドウ制御を用いることの優位性がわかるでしょう．

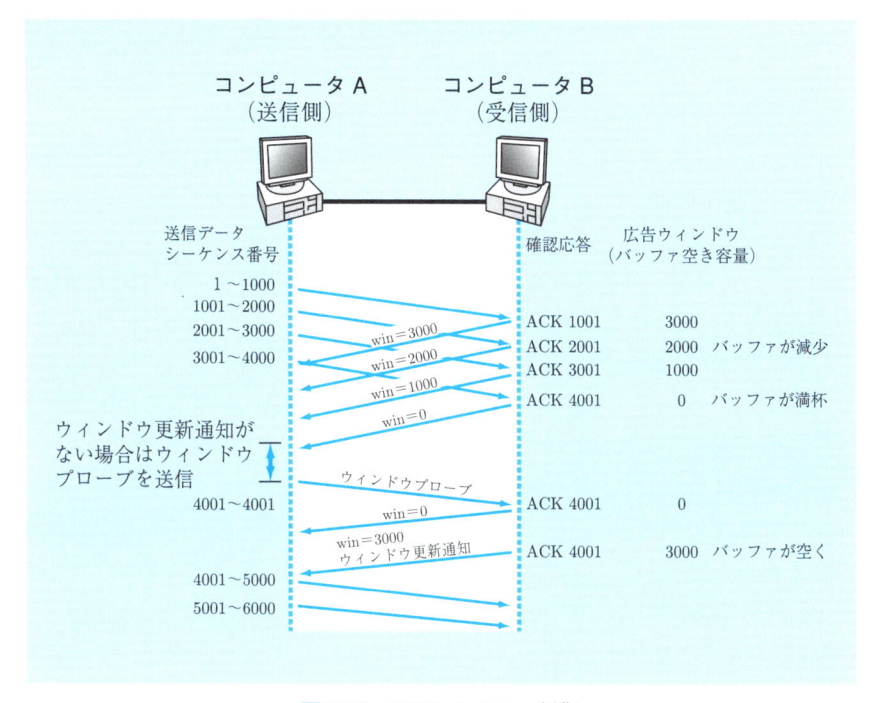

図 6.7 TCP のフロー制御

6.2.3 フロー制御

TCP におけるウィンドウ制御の大事な役割に，**フロー制御**（**flow control**）があります．フロー制御とは，連続して送信するパケットをデータの流れと見たときに，この流れをコントロールするという意味です．これは前述のように，受信側がバッファの空き容量に応じて，送信側へ伝える広告ウィンドウの値を元に行う制御です．バッファの空き容量を超えてパケットが送られてしまうと，受信側が受け切れなくなり，パケットを捨てざるを得なくなってしまいます．そうなるとパケットを再送しなければならなくなり，通信性能も低下するため，これを未然に防ごうというものです．

TCP のフロー制御を 図 6.7 に示します．受信側は，バッファの空き容量を広告ウィンドウとして送信側へ伝えます．送信側は，ACK を受けることなしにこの大きさまで連続してパケットを送信します．

パケットが受信側へ到着するたびに，バッファの空き容量が減っていき，送

信側へ通知される広告ウィンドウの値も減っていきます．図 6.5 のスライディングウィンドウでは，ACK が返るとウィンドウの左端が右にスライドしますが，広告ウィンドウも減る場合には，ウィンドウの右端は動かずウィンドウサイズが小さくなっていきます．これにより送信側では，受信側から ACK が返りウィンドウの左端を右へスライドさせるにつれて，ウィンドウの幅が狭くなっていき，やがてウィンドウがなくなり次のパケットが送信できなくなるようなケースも生じます．このような場合は，受信側から広告ウィンドウがまた大きくなったという連絡がくるのを待つしかありません．

受信側では，アプリケーションが到着したデータをバッファから読み出して受け取ることにより，再びバッファに空きが生じます．そうすると広告ウィンドウの値が大きくなり，これが送信側に伝えられると，送信側が再びパケットを送信可能になります．受信側から送信側へウィンドウサイズの変化は，**ウィンドウ更新通知パケット**で伝えられます．これは ACK としての役割を兼ねることもありますし，ウィンドウサイズの変化だけを伝えることもあります．

もしこの更新通知のパケットが喪失してしまったらどうなるでしょうか．送信側は，ウィンドウサイズが変化したという連絡を延々と待ち続けることになってしまいます．これを防ぐため，図 6.7 に示すように送信側から受信側へ**ウィンドウプローブ**というパケットが定期的な間隔で送られます．このパケットがきたら，受信側は現在の広告ウィンドウサイズを返すことになっており，送信側が古いウィンドウサイズを保持したまま更新通知待ちになってしまうのを防ぐことができます．

6.2.4 輻輳制御

前節では，TCP における受信側のバッファ溢れを防ぐための制御方法を見てきました．しかし通信において制御しなければいけない要因は，受信側だけでなく，途中のネットワークも含まれます．ネットワークの限度を超える大量のパケットを送信してしまった場合，やはりパケット喪失が起こってしまいます．そのためネットワークが混雑しているときには，送り出すパケットの量を減らした方がよいと考えられますね．また例えば通信開始時には，どの程度のペースでパケットを送信すればよいか全くわからないため，少なめに送り始めた方が無難でしょう．

これらのことから，TCP では広告ウィンドウと異なるウィンドウサイズのパラメータを用意し，この値に基づき制御を行っています．この値を**輻輳ウィンドウ**（congestion window）といい，送信側が保持するパラメータです．また輻輳ウィンドウを用いたネットワークの混雑防止のための制御手法を**輻輳制御**（congestion control）といいます．すなわち輻輳ウィンドウは，受信側からの制限が送信側に伝えられる広告ウィンドウと異なり，送信側が自主規制を行うためのウィンドウサイズなのです．

広告ウィンドウと輻輳ウィンドウの小さい方が，ウィンドウサイズとして用いられるパケット送信時の制限値となります．つまり受信側あるいはネットワークのどちらか状況の厳しい方が制限となる，ということです．この輻輳ウィンドウを変化させることにより，ネットワークの限度を超えないようパケット送信をコントロールします．

次に輻輳ウィンドウを用いた制御アルゴリズムを見ていきましょう．通信の開始時には，ネットワークの混雑具合などがわからないため，ウィンドウサイズは小さくしておくことが望ましく，その後通信中にパケット喪失などの問題が生じなければ徐々にウィンドウサイズを大きくしていきます．TCP で用いられているアルゴリズムは，輻輳ウィンドウの値を 1 からスタートし，送信したパケットの ACK が一つ戻ってくるたびに輻輳ウィンドウを 1 ずつ増加させるというものです．この手法を**スロースタート**（slow start）といいます．

スロースタートという名前が付いており，ACK が戻るたびに輻輳ウィンドウの値を 1 ずつ増加させるということから，何だかゆっくりとウィンドウサイズが変化していくイメージに聞こえるかもしれませんが，実際はどうなのでしょうか．次ページの図 6.8 を見ながらちょっと考えてみましょう．

送信側は，ウィンドウサイズ分まで連続してパケットを送信しますので，最初はパケットを一つだけ送り ACK を待ちます．ACK が返ってきたら，輻輳ウィンドウは一つ増やされて 2 になり，今度は二つ続けてパケットを送信して ACK を待ちます．次にこの二つのパケットの ACK がそれぞれ返ってくるごとに輻輳ウィンドウが増やされるため，ウィンドウサイズは 4 となり，今度は四つ続けてパケットを送信するようになります．このようにして，輻輳ウィンドウの値は 1, 2, 4, 8, ⋯ と指数乗に増加していくことがわかるでしょうか．スロースタートという名前と裏腹に，このアルゴリズムでウィンドウサイズは急

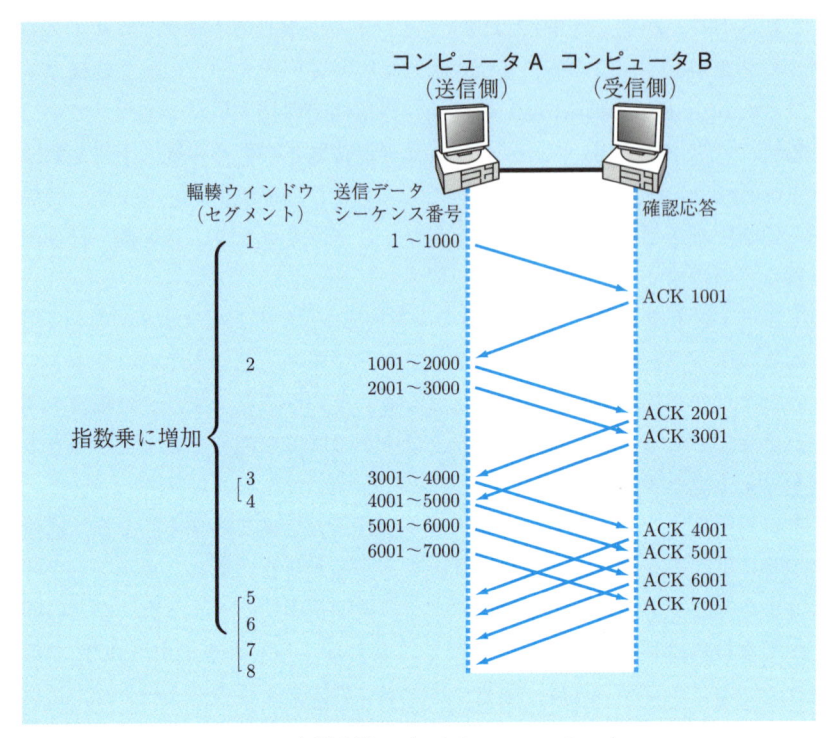

図 6.8 輻輳制御におけるスロースタート

激に増加するのです．

　ウィンドウサイズが小さいところでは，ある程度早いペースでその値を増加させる方がよいですが，指数乗に増加し続けたのではあっという間に大きくなり過ぎてしまいます．そこで，途中からスロースタートをやめて，線形に増加させるよう制御アルゴリズムを変更します．具体的には，その時点での輻輳ウィンドウの値を cwnd とすると，ACK の受信ごとに 1 ではなく 1/cwnd ずつ cwnd の値を増加させます．この手法を**輻輳回避**（**congestion avoidance**）といい，指数乗の増加から線形の増加へ制御アルゴリズムを変えるのです．二つの手法の境目として**スロースタート閾値**という値を決めておき，この値を超えたらスロースタートから輻輳回避へ制御アルゴリズムが移ります．

　ここまでの説明で，輻輳制御は 2 種類の制御アルゴリズムが組み合わされて用いられ，輻輳ウィンドウやスロースタート閾値といったパラメータによりコ

6.2 ウィンドウ制御

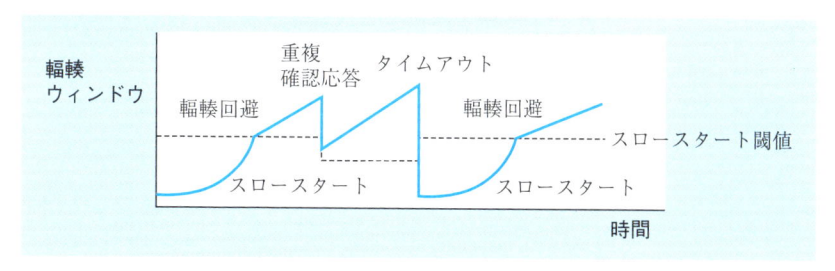

図 6.9 輻輳ウィンドウの時間変化

ントロールされるということを理解してもらえたでしょうか．図 6.9 を見ながら，これらの制御アルゴリズムがどのように適用されるか見ていきましょう．まず通信開始時には輻輳ウィンドウの値は 1 で，パケットと ACK の送受信が行われるのにしたがい，スロースタートにより指数乗に増加していきます．そしてスロースタート閾値を超えると，その先は輻輳回避にしたがって線形に増加していくことになります．増加を続けていると，そのうちにネットワークの限界などによりエラーが起こります．すると輻輳ウィンドウを小さな値に戻し，また増加させるということが繰り返されます．

エラーの種類はタイムアウト，重複 ACK などで，それぞれ対処の仕方が異なります．タイムアウトの場合，輻輳ウィンドウの値を 1 に戻し，再びスロースタートを実行します．重複 ACK の場合は，輻輳ウィンドウの値をスロースタート閾値 +3 に設定し，輻輳回避を実行します．スロースタート閾値は，これらのエラーが起こった場合，ウィンドウサイズの半分の値に設定します．

重複 ACK の場合の方がタイムアウトより輻輳ウィンドウの下げ幅が小さい理由は，重複 ACK はパケットが一つ抜け落ちただけでその後のパケットは届いており，ネットワークの混雑の度合いがタイムアウトの場合より低そうだと考えられるからです．このように輻輳制御は，状況によりパラメータの値を変化させ，さらに制御アルゴリズムを切り替えることにより，ネットワークの混雑を避けながら，できるだけ高い通信性能を発揮できるよう工夫しているのです．

6.2.5　TCP における通信性能を高める手法

ウィンドウ制御に関連して，通信性能を高めるための仕組みとしては，以下のような手法も用いられています．まず送信側の動作規制を行うネイグル（**Nagle**）アルゴリズムという手法があります．ネットワークにとって，例えば

1オクテット長といったような非常に短いパケットを数多くばらばらに処理することは，無駄が多くなります．これを防ぐために，ネイグルアルゴリズムでは，**MSS**（Maximum Segment Size：最大セグメント長）以下のセグメントを一つだけ送信した場合，ACKがくるまで次のセグメントを送信しません．これにより非常に短いセグメントはいくつか溜めてから，まとめて一つのセグメントとして送信することができるようになり，無駄を減らすことができます．

次に受信側の動作規制として，**遅延確認応答**という手法があります．小さなセグメントが届くたびにACKを返していると，ネットワークの中がACKで溢れてしまうようになります．そこでこれを防ぐため，$2 \times \text{MSS}$のデータを受信するまでACKを返さず保留するという手法が遅延確認応答です．ただし次のデータがくるかどうか保証はないため，ある程度の時間が経ったらタイムアウトとしてACKを返さなければなりません．このタイムアウトの値は，TCPの実装によって異なりますが，一般に0.5秒といったかなり長い値が用いられています．

ネイグルアルゴリズムと遅延確認応答は，ネットワークの混雑を防いで通信性能を上げようという仕組みですが，場合によってはこれらの手法により通信性能が大幅に低下してしまうようなことが起こるので注意が必要です．例えば送信側が，非常に小さなセグメントをいくつか続けて送ろうとする場合です．ネイグルアルゴリズムにより，これらのセグメントは連続しては送られず，ACKがくるまで次が送信されないという形になります．ところが遅延確認応答により，受信側では小さなセグメントを一つ受けてもすぐにACKを返しません．受信側は長いタイムアウト時間の後にACKを返し，これを受けた送信側はようやく次のセグメントを送るという調子なので，通信性能は大幅に低下してしまいます．このように，小さなセグメントをすぐに送りたい場合などには不都合が生じてしまうため，そのときはネイグルアルゴリズムをオフにしてTCPを使用します．

通信性能を高めるための仕組みとして，その他には**ピギーバック**が挙げられます．これは，受信側が受け取ったデータに対するACKと，受信側から送信側へ送りたいデータを一緒のTCPパケットで送信するというものです．ACKを返そうというときに，現在送信可能なデータがあるかどうか確かめ，あれば一緒に送信します．

6.3 TCPヘッダフォーマット

TCP のヘッダフォーマットを図 6.10 に示します．UDP と比較してフィールドの数が多く，複雑になっていることがわかると思います．

まず「送信元ポート番号」と「宛先ポート番号」は UDP と同じく最も重要なフィールドとして存在します．「シーケンス番号」，「確認応答番号」，「ウィンドウサイズ」は，前節まで見てきた通りにウィンドウ制御で用いられます．

「データオフセット」は，TCP で実際に送りたいデータ部分が始まる位置を示しています．これはすなわちヘッダの大きさがどれだけであるかということと同値です．UDP と異なり TCP では，ヘッダに「オプション」というフィールドを含めることができるため，ヘッダの長さがどこまでかということを表す必要があるのです．

「コントロールフラグ」は，そのパケットが何か特別な役割を持っている場合に該当するビットが立てられて用いられます．例えば ACK のビットが立っていたら，そのパケットは ACK として用いられています．コネクションの確立や切断の説明で出てきた SYN や FIN などのパケットも，このフラグを用い

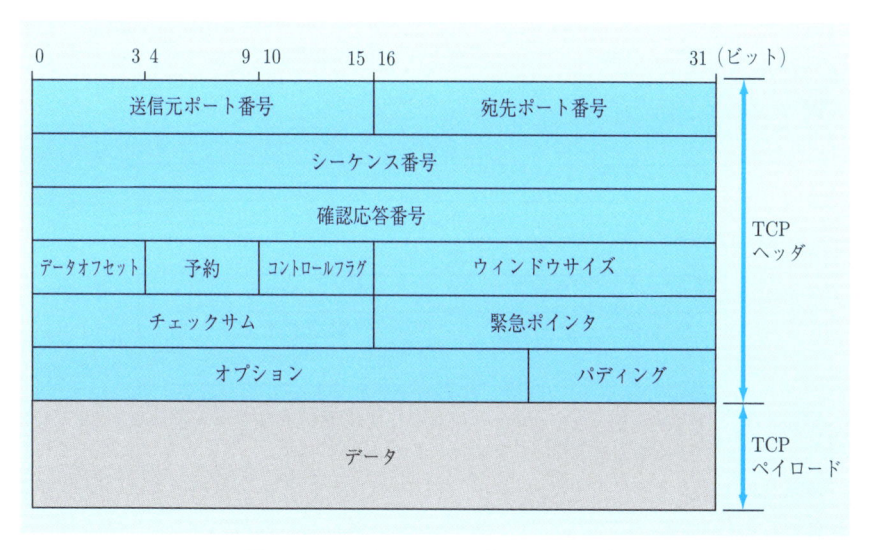

図 6.10 TCP のヘッダフォーマット

て示します．

「チェックサム」は，UDP と同じように用いられます．すなわち，「送信元 IP アドレス」，「宛先 IP アドレス」，「プロトコル番号」の情報を含む TCP 擬似ヘッダを付加し，パディングしてから 16 ビット単位で 1 の補数和を求め，その値の 1 の補数をチェックサムフィールドに挿入します．TCP 擬似ヘッダのフォーマットは，UDP のものと基本的に同じです．なお TCP には，パケット長を表すフィールドは存在しません．

第 6 章の章末問題

問題 1 以下の文章の空欄 ア から カ に当てはまる語句を答えよ．

TCP ではネットワークの混雑を解消するために ア を行っている．このために送信側で送信データ量の自主規制を行うためのパラメータを イ といい，ウ アルゴリズムなどによりこのパラメータの増加量がコントロールされる．一方，TCP では受信側のバッファが溢れないようにするために エ も行われており，このために受信側から送信側へ伝えられるパラメータを オ という．

ウィンドウサイズとは送信側が受信側からの確認応答を待たずに送信できるデータの大きさのことを指し，イ と オ の カ 方がウィンドウサイズとなる．

問題 2 以下に示す TCP のヘッダフォーマットの空欄 (ア)，(イ) に当てはまるフィールド名を答えよ．

0			15 16		31
送信元ポート番号			(ア)		
シーケンス番号					
(イ)					
オフセット	予約	フラグ	ウインドウサイズ		
チェックサム			緊急ポインタ		
オプション			パディング		

問題 3 TCP のヘッダフォーマットにおいてオフセットはヘッダ長を表すが，UDP のヘッダフォーマットにこの項目はない．その理由を述べよ．

問題 4 オプションを用いない場合，TCP の最大ウィンドウサイズはいくつであるか．またその理由を述べよ．

第7章
TCPソケットプログラミング

前章までに，ネットワークを経由した通信のコネクションがどのように動作しているか説明してきました．本章では代表的なネットワークプログラミング技法であるソケットを通し，TCPの実際の動作を知りましょう．

● 本書の内容 ●

ソケットシステムコール
ソケットプログラミングの概要
ソケット通信を用いたプログラム例

7.1 ソケットシステムコール

7.1.1 ネットワークプログラム

第6章までの説明で，みなさんがよく使っているネットワークアプリケーションのすぐ下のプロトコル階層部分で何が起こっているのか，理解できたのではないかと思います．コネクションは IP アドレスやポート番号を指定してつながっていました．階層ネットワークプロトコルにおいて，トランスポート層以下の動作を目にすることは，普通はまずないでしょう．ただしネットワークプログラムを書くことにより，この階層と直接やり取りして振舞を理解することができます．

本章では，そのような動作を行うプログラムがどのように作られているのか見ていきましょう．C 言語を用いた簡単なネットワークプログラムの構成を理解してください．ただしプログラミングの基本事項は本書では解説しませんので，プログラミングに関する参考書をお読みください．

7.1.2 ソケットインタフェース

ネットワークを経由した通信を行うアプリケーションを構築する際には，TCP や UDP を利用するためのインタフェースが必要です．これはすなわち，トランスポート層に対して上位層からアクセスするインタフェースということになります．さまざまな種類のインタフェースが存在しますが，主に UNIX の世界で最も標準的に用いられているものに**ソケットインタフェース**（**socket interface**）があります．ソケットは元々 BSD UNIX で開発されたものですが，その後多くの OS で採用されるようになりました．

アプリケーションから見ると，ソケットは通信を行うコネクションの口（**エンドポイント**）になります．どのコネクションに接続するか区別するためにポート番号が付いており，これがトランスポート層のポート番号ということになります．ソケットの概念図を図 7.1 に示します．それぞれに IP アドレスとポート番号，そして TCP か UDP かの区別（プロトコル番号）が付いています．したがって複数のプログラムと通信を行う場合には，複数のソケットが必要です．ただしソケットは両方向の通信を扱えるため，送信と受信で2本のソケットを使用する必要はありません．

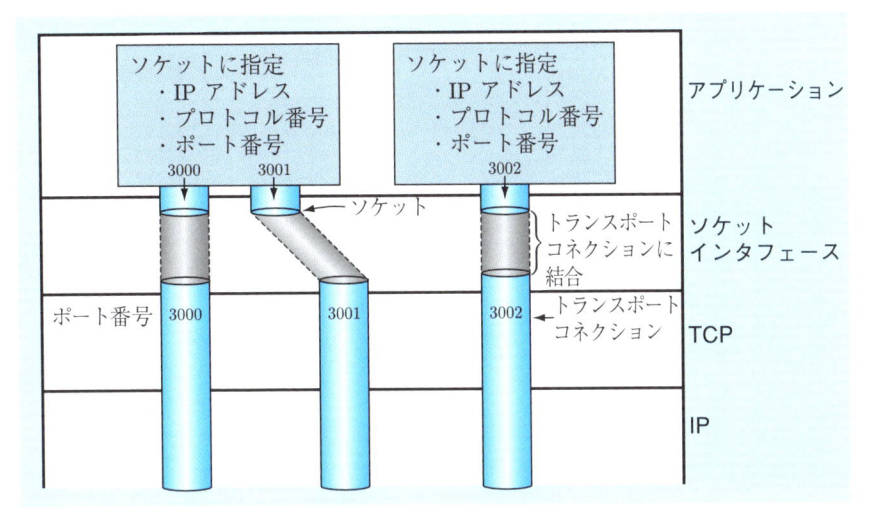

図 7.1　ソケットの概念図

　アプリケーションは，プログラム中でソケットを生成します．トランスポート層にはこのポート番号のコネクションが用意され，ソケットインタフェースによりアプリケーションと結合されます．各コネクションは，相手側のプログラムのソケットと接続されて，実際にデータを送受信できるようになります．このようにソケットが接続された形ができ上がると，アプリケーションはプログラム中でソケットに対しデータを渡すことによって，これが宛先のプログラムのソケットに届くようになります．パイプの入口にデータを流し込んだら，相手側のパイプの出口にデータが出てくるようなイメージでしょうか．

7.2　ソケットプログラミングの概要

7.2.1　クライアント・サーバ型アプリケーションの通信

　ソケットを用いた通信は，次のページの図 7.2 に示すように一般にクライアント・サーバ型で用いられます．すなわちサービスを提供するサーバが，そのアプリケーションで用いるポート番号を割り当てたソケットを開いて，クライアントからのアクセスを待ちます．クライアントは相手側ソケットのIPアドレスとポート番号を指定してソケットを作成し，サーバに対して接続を

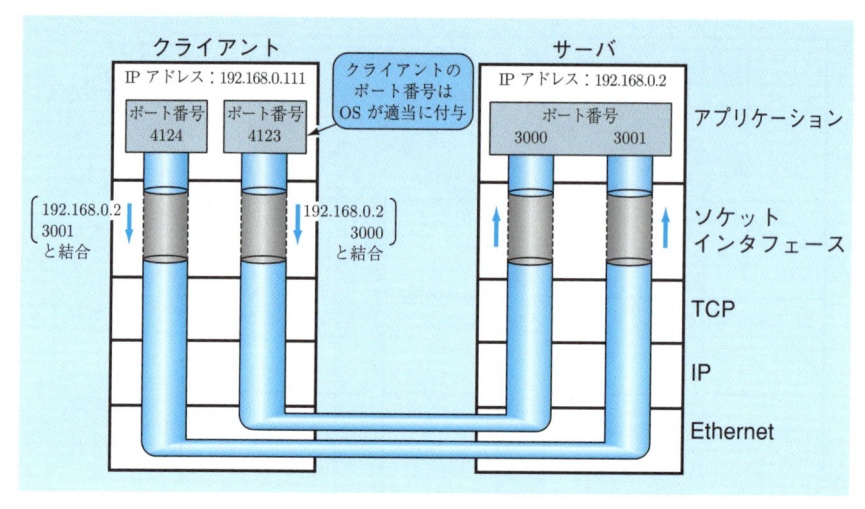

図 7.2 クライアントとサーバのソケットの接続

リクエストします．クライアント自身のソケットのポート番号は何番でもよく，通常は OS が自動的に適当な番号を割り当てます．リクエストが受け付けられたらソケット間がコネクションとして接続され，パケットを送受信することができるようになります．

7.2.2 ソケット関連のシステムコール

プログラム中でソケットを作成するには，**socket** システムコールを用います．socket システムコールは一般に，以下のような書式を持っています．

```
int socket(int domain, int type, int protocol);
```

ソケットが作られただけの段階では，まだポート番号との結びつきが規定されていません．ポート番号の決まったトランスポートコネクションをソケットへ結合するためには，**bind** システムコールを用います．bind システムコールの書式は以下の通りです．このうち第 2 引数で渡す構造体に，ポート番号などの情報が入っています．

```
int bind(int sockfd, struct sockaddr *myaddr,
        socketlen_t addr_len);
```

7.2 ソケットプログラミングの概要

```
クライアント                    サーバ

socket( )                    socket( )
 ソケットの生成                 ソケットの生成

                             bind( )
                              ポート番号等の情報と結合

                             listen( )
                              アクセスを待機
connect( )      ────→
 サーバのソケットへ接続要求
                ←────        accept( )
                              アクセスを受理
write( )        ────→        read( )
 データの送信                   データの受信(待ち)
read( )         ←────        write( )
```

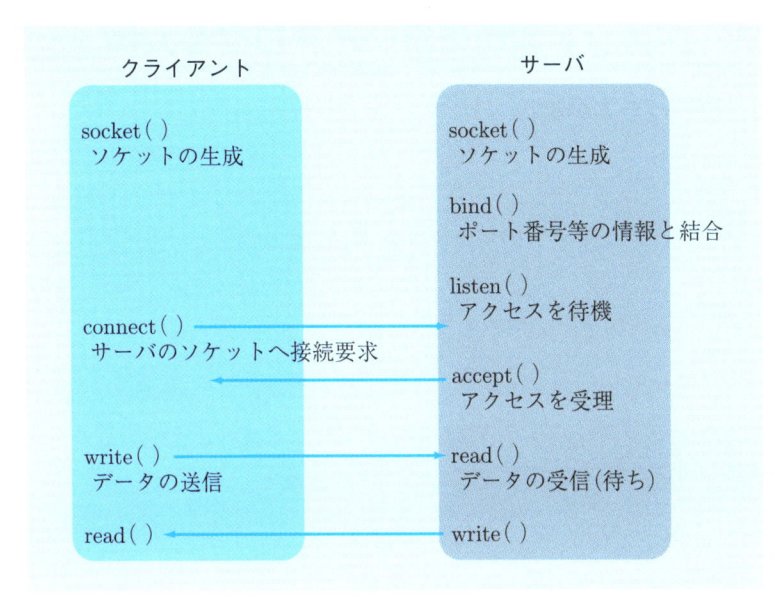

図 7.3 クライアントとサーバにおけるソケット関連のシステムコール

bind システムコールを実行することにより，サーバ側ソケットの準備が完了となります．

一方クライアント側も同じように socket システムコールでソケットを作成します．ただし bind システムコールでポート番号との結合を明示的に行う必要はありません．クライアント側に関しては，アプリケーションの実行時に OS が適当なポート番号を割り当ててくれます．

両側のソケットの準備が完了したら，次にサーバ側は **listen** システムコールでクライアントからの接続を待ち，クライアントはサーバに対して **connect** システムコールで接続要求を出します．リクエストを受けたサーバは，**accept** システムコールで接続を許可します．この段階で，クライアントとサーバのソケットがコネクションとして接続されたことになります．

この後は，両側とも **read** システムコールや **write** システムコールなどを使ってデータの送受信を行うことができるようになります．ここまでのシステムコールの流れを 図 7.3 に示します．具体的な使い方は，次節以降でプログラム例と共に見ていきましょう．

7.3 ソケット通信を用いたプログラム例

7.3.1 プログラムの実行

それでは具体的なプログラム例を用いて，ソケット通信の説明をしましょう．このプログラムはクライアントから送られたメッセージをサーバが受け取り，またそのメッセージをサーバがクライアントへ送り返すというもので，以下のように動作します．

まずサーバプログラム `server` を実行します．

```
./server &
```

次にクライアントプログラム `client` を実行しますが，その引数としてサーバへ送るメッセージを指定します．

```
./client Hello
```

すると実行結果は以下のようになります．

```
message from server: Hello is received message.
[1]+  Done                    server
```

上記の実行例ではサーバもクライアントも同じコンピュータ上で実行しており，クライアントが指定するサーバの IP アドレスは 127.0.0.1，すなわちローカルコンピュータとなっています．ただしこれはアドレスの指定を変えるだけで，異なるコンピュータ間のネットワーク越しの通信を行うプログラムとなります．すなわち以下で示すクライアントのプログラム中で，127.0.0.1 となっているサーバの IP アドレスを，実際に接続したいコンピュータの IP アドレスに置き換えるだけです．その場合には，あるコンピュータで `server` を起動し，別のコンピュータで `client` を起動して，TCP コネクションを接続し通信を行うことができます．

7.3.2 サーバプログラム

それでは次に，プログラムの中身を見ていきましょう．まずサーバのプログラムは以下のようになっています．

7.3 ソケット通信を用いたプログラム例

```c
/*
 *   server.c
 */
#include <unistd.h>
#include <sys/types.h>
#include <sys/socket.h>
#include <netinet/in.h>
#include <arpa/inet.h>
#include <stdio.h>
#include <string.h>
#include <stdlib.h>
#define PORT 3000

int main()
{
  int fd_socket, fd_accept;
  socklen_t len;
  struct sockaddr_in addr;
  char buff[BUFSIZ];

  if ((fd_socket = socket(AF_INET, SOCK_STREAM, 0)) == -1) {
    perror("server: socket");
    return 1;
  }
  addr.sin_family = AF_INET;
  addr.sin_addr.s_addr = INADDR_ANY;
  addr.sin_port = htons(PORT);
  if (bind(fd_socket, (struct sockaddr *)&addr, sizeof(addr))
      == -1) {
    perror("server: bind");
    return 1;
  }
```

```
    if (listen(fd_socket, 5) == -1) {
      perror("server: listen");
      return 1;
    }
    if ((fd_accept = accept (fd_socket,
                    (struct sockaddr *)&addr, &len)) == -1) {
      perror("server: accept");
      return 1;
    }
    if (read(fd_accept, buff, BUFSIZ) == -1) {
      perror("server: read");
      return 1;
    }
    strcat(buff, " is received message.");
    if (write(fd_accept, buff, strlen(buff) + 1) == -1) {
      perror("server: write");
      return 1;
    }
    close(fd_accept);
    close(fd_socket);
    return 0;
  }
```

プログラミングの詳細については，本書では説明し切れないため UNIX システムコールなどに関する参考文献をご覧下さい．ここでは大雑把な流れだけ説明します．

まず socket システムコールによってソケットを作成しています．socket システムコールの最初の引数はドメインを表します．**AF_INET** というのは ARPA インターネットプロトコルのドメインを指し，これはソケットの名前がインターネット全体で一意に決まるものであることを表しています．この他のドメインとしては **AF_UNIX** といったものがあり，これは同一コンピュータ内のみで通用する名前を持ったソケットであることを示します．

socket システムコールの 2 番目の引数は，通信方式です．SOCK_STREAM は信頼性があり順序が保証されたバイトストリームを表しており，この他には SOCK_DGRAM という信頼性と順序保証のないデータグラムの通信方式があります．この説明から想像が付くと思いますが，SOCK_STREAM は TCP，SOCK_DGRAM は UDP を使うときに指定します．

次に bind システムコールによって，ソケットに名前を付けています．インターネットドメインの場合，sockaddr_in という型の構造体に名前情報を書き込みます．プログラムでは sockaddr_in 型の構造体 addr に書き込んでいます．まず構造体のメンバー sin_family に，ドメインが AF_INET であることを設定しています．次にメンバー sin_addr.s_addr には，接続を許可するクライアントの IP アドレスを格納します．ここではクライアントの接続に制限を設けないことから，INADDR_ANY としています．そしてインターネットドメインでソケットを一意に区別するために最も重要な情報であるポート番号を，メンバー sin_port に設定します．これらの情報を含む構造体 addr を引数に，bind システムコールを実行します．

次に listen システムコールで，クライアントからの接続を待ち受けています．プログラムはここで一旦停止し，クライアントからリクエストがあるまで待ちます．

次節で説明しますが，クライアントは connect システムコールでこのソケットにアクセスしてきます．これがきたら，サーバは accept システムコールでリクエストを受け付け，ソケット間の接続を許可します．

ソケット間が接続されたらその後は，read システムコールや write システムコールでメッセージの送受信を行います．ソケットには送信回線や受信回線といった区別はなく，両方向の通信に用いることができます．このプログラムでは，サーバはまず read システムコールでクライアントからのメッセージを受け取ります．受信されたメッセージはバッファ buff に格納されます．

そして受け取ったメッセージに，strcat により "is received message." というメッセージが付け加えられ，このあわさったものが write システムコールによりクライアントへと送り返されています．例えばクライアントが "Hello" と送ってきたら，"Hello is received message." という文がサーバから送り返されることになります．

7.3.3 クライアントプログラム

一方クライアントのプログラムは以下のようになっています．

```c
/*
 * client.c
 */
#include <unistd.h>
#include <sys/types.h>
#include <sys/socket.h>
#include <netinet/in.h>
#include <arpa/inet.h>
#include <stdio.h>
#include <string.h>
#define PORT 3000

int main(int argc, char *argv[])
{
  int fd_socket;
  struct sockaddr_in addr;
  char buff[BUFSIZ];

  if ((fd_socket = socket(AF_INET, SOCK_STREAM, 0)) == -1) {
    perror("client: socket");
    return 1;
  }
  addr.sin_family = AF_INET;
  addr.sin_addr.s_addr = inet_addr("127.0.0.1");
  addr.sin_port = htons(PORT);
  if (connect(fd_socket, (struct sockaddr *)&addr, sizeof(addr))
      == -1) {
    perror("client: connect");
    return 1;
  }
```

```
    if (write(fd_socket, argv[1], strlen(argv[1]) + 1) == -1) {
      perror("client: write");
      return 1;
    }
    if (read(fd_socket, buff, BUFSIZ) == -1) {
      perror("client: read");
      return 1;
    }
    printf("message from server: %s\n", buff);
    close(fd_socket);
    return 0;
  }
```

socket システムコールを使ったソケットの作成部分はサーバと同じです．これによりクライアント側のソケットができ上がります．

次に sockaddr_in 型の構造体 addr に対して情報を書き込むところもサーバのプログラムと同様なのですが，ここでは自分自身ではなくサーバ側の情報を書き込んでいることに注意してください．クライアントは自分のソケットに特別に名前付けを行う必要はなく，bind システムコールも実行されていません．構造体のメンバー sin_addr.s_addr には，接続相手の IP アドレスを格納します．ここでは 127.0.0.1 というローカルコンピュータ上にサーバが動作しているものとしてプログラムが書いてありますが，前述のように他のコンピュータ上のサーバに接続する場合には，そのサーバの IP アドレスを記入します．そして sin_port には，サーバのソケットのポート番号を格納します．クライアントのソケットのポート番号は，実行時に OS が適当な番号を割り振るので指定する必要はありません．

addr 構造体の準備ができたら，addr を引数に connect システムコールを実行して，サーバ側のソケットと接続します．サーバに無事 accept されたら，通信を行うことができるようになります．

このプログラムでは，まず write システムコールによって，プログラムの実行時に引数として付けたメッセージをサーバへ送信しています．そして次に read システムコールによってサーバからのメッセージを受信し，"message from server:" という文字列の後にそのメッセージを画面表示しています．

第 7 章の章末問題

問題 1　本章のプログラム例において，サーバがオープンしていないポート番号に対してクライアントが connect を試みたら何が起こるか．

問題 2　本章のサーバプログラムは，実行終了直後に再度実行しようとすると "`bind: Address already in use`" というエラーで実行ができない場合がある．これはどうしてか．

問題 3　本章のプログラム例を実行したとき，クライアントは何番のポート番号を使用しているか確認せよ．

第8章
インターネット層とIP

> これまでTCP/IP階層プロトコルのうち上位のアプリケーション層，トランスポート層の働きを見てきました．次はもう一階層下がってインターネット層です．本章ではインターネット層の中心であるIP (Internet Protocol) について詳しく解説します．

● 本書の内容 ●
IPの概要
IPアドレス
IPによる経路制御
パケットの分割と再構築

8.1 IP の概要

8.1.1 IP over Everything

　TCP/IP の心臓部は，インターネット層の **IP (Internet Protocol)** であるといえます．階層プロトコルにおいて各層のプロトコルは同様の機能を提供する他のプロトコルに置き換えることが可能で，インターネット層以外は複数のプロトコルが利用されていますが，IP に関しては他のプロトコルに置き換えてそのままインターネットを動作させることは容易ではありません．位置的にも階層プロトコルのほぼ中央に位置することから，"IP over Everything, Everything over IP" などといわれることもあります．IP は全てのプロトコルの上にあり，全てのプロトコルは IP の上にある，つまりインターネットにおいて IP は世界の中心です．インターネット層には IP 以外にも **ICMP (Internet Control Message Protocol)** や **ARP (Address Resolution Protocol)** などが存在するのですが，これらは IP に代わるものではなく，IP の動作を補助するプロトコルです．

　TCP が「エンドツーエンドのプロトコル」であるのに対し，IP は「エンドツーエンド通信を実現するためのプロトコル」です．トランスポート層は両端のコンピュータ同士の会話だけを行い，間の部分でどのようにパケットが送られているかは一切気にしないのに対し，インターネット層はその間のパケット配送を行います．すなわち直接接続されていないコンピュータ間の通信を IP がつなげます．

　また，IP はコネクションレス型で動作しています．これほど重要な存在である IP が何故，信頼性のあるコネクション型ではなくコネクションレス型で動作しているのでしょうか．すでに見てきたように，TCP/IP において信頼性を必要とするデータ転送を行いたい場合，トランスポート層のプロトコルとしては TCP が用いられます．上位層であるトランスポート層でコネクション型のプロトコルが用いられるために，信頼性はそちらで確保し，IP ではそれ以上処理が重くならないようにコネクションレス型を用いているのです．ただし，経路の途中で IP データグラムが喪失した場合などには，これを知らせるために ICMP のパケットが用いられます．ICMP については次章（9.2.2 項）で紹介します．

8.1.2 IPの役割

　IPの役割としては，まずIPアドレスを規定してこれを管理すること，次にこのIPアドレスを基に経路制御を行ってパケットを正しく相手に届けること，それからパケット転送の際に経路の途中で必要があればパケットの分割や再構築処理を行うことが挙げられます．

　IPアドレスは，ネットワークに接続されている全てのコンピュータの中から，宛先のコンピュータを識別するために用いられます．したがって，本来IPアドレスは全世界で一意のものでした．しかし現在はプライベートアドレスなどが用いられるようになり，IPアドレスに関しては必ずしも全世界で一意ではなくなっています．これについては後述します．全てのコンピュータやルータには一つ以上のIPアドレスが設定されています．正確には，**インタフェース**と呼ばれるネットワークへの接続の口一つずつに，それぞれIPアドレスが割り当てられています．一方，スイッチングハブやブリッジ，リピータなどと呼ばれる通信機器は，物理層やデータリンク層を中継する機器であるため，これらにはIPアドレスは振られていません．これらの機器は12.3節で紹介します．

　経路制御（ルーティング：**routing**）とは，送信元のコンピュータから宛先コンピュータまでパケットを配送することです．ルーティングを行う機器を**ルータ**といいます．ルーティングはラウティングと呼ばれることもあり，その場合ルータもラウタと呼ばれますが，本書ではルーティングで統一することにします．

　IPのルーティングは，ホップバイホップルーティングと呼ばれます．これはパケットが転送されるデータリンクの一区間ごとにルートが決定されるという方式です．したがって送信元のコンピュータは，宛先までの経路を知りません．パケットが転送されるホップごとに経路が判断され，最終的に宛先までたどり着くのです．このとき，経路決定の判断に用いられる情報は，**経路制御表**（ルーティングテーブル：**routing table**）という形でまとめられています．IPは経路制御表に従い経路を決定して，パケットを次へと送り出します．パケットを送り出す仕事のことを**フォワーディング**（**forwarding**）といいます．

　パケットの分割と再構築については，何故そのようなことが必要となるのか考えてみましょう．IPの下にはデータリンク層があります．これは，具体的にはイーサネットであったり，無線LANであったり，あるいは**ATM**（**Asynchronous Transfer Mode**）などのネットワークであったりします．

これらのデータリンクは，種類によって**最大転送単位（MTU：Maximum Transmission Unit）**が異なります．データリンクの詳細は第11章以降で見ますが，例えばイーサネットは1500オクテット，ATMは9180オクテットなどというように，一度に運べるパケットの大きさが異なるのです．したがって，大きすぎるパケットは分割しなければデータリンクを通らない場合があります．この分割処理をIPが行います．

8.2 IPアドレス

8.2.1 IPアドレスの表記法

現在インターネットで広く用いられているIPアドレスは，32ビットの正数値です．コンピュータの内部ではあらゆる数値が2進数で表されていますが，人間にとって2進数をそのまま表すのは桁数が多くなりすぎ読みにくいです．そこで図8.1のように8ビットずつ区切り，それぞれを10進数で表して，「．（ドット）」でつなげる表記法が用いられています．IPアドレスには32ビットが用いられるため，IPアドレスとして表される個数は2^{32}個となりますが，アドレスとして使えない値もあることから実際にはもっと少ない数になります．

IPアドレスは，**ネットワーク部**と**ホスト部**からなっています．ネットワーク部は，一つのネットワークにつながったコンピュータやルータの集合であるデータリンクごとに，他の全てのネットワークと重ならないように決められます．一方ホスト部は，同一データリンク内で他のコンピュータと重ならない値とします．ネットワーク部の値からまず所属するデータリンクが決定され，その中でホスト部の値から特定のコンピュータが決定されるわけです．

ホスト部の値として，全てのビットを0または1としたものは特別な意味を持つため，通常のアドレスとして用いることはできません．ホスト部の全てのビットが0のアドレスは，そのネットワークそのものを表すアドレスになります．またホスト部の全てのビットが1のアドレスは，**ブロードキャストアドレス**と呼ばれます．ブロードキャストアドレスは，同一リンクに接続された全てのホストにパケットを送信するためのアドレスです．

8.2.2 アドレスクラス

ネットワーク部とホスト部にそれぞれ何ビットを用いるか決める方式には，

```
11000000 10101000 00000000 00000001
   192.    168.       0.        1
```

図 8.1　IP アドレスの表記法

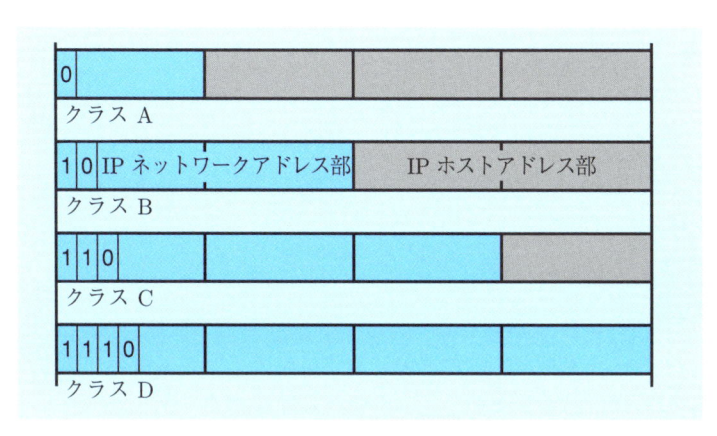

図 8.2　アドレスクラス

二通り考え方があります．一つは図 8.2 に示す**アドレスクラス**に基づくものであり，もう一つは**サブネットマスク**を用いる方式です．当初のインターネットではアドレスクラスによる方式が用いられていましたが，最近ではサブネットマスクによる方式が主に用いられています．その理由については後で述べるとして，まずはアドレスクラスの考え方を見ていきましょう．

　IP アドレスクラスとしては，クラス A からクラス D までの 4 種類が存在します．クラス A は先頭 8 ビットがネットワーク部で残りがホスト部，クラス B は 16 ビットがネットワーク部で残りがホスト部，クラス C は先頭 24 ビットがネットワーク部で残りがホスト部，そしてクラス D は 32 ビット全体がネットワーク部というものです．クラス D にはホスト部はなく，これは IP マルチキャスト通信に使用する特殊なアドレスクラスです．

　どのクラスを用いているかは先頭の数ビットで表します．先頭ビットが 0 の場合はクラス A，先頭が 10 の場合はクラス B，先頭が 110 の場合はクラス C，そして先頭が 1110 の場合はクラス D となります．この識別ビットが存在するため，実質的にクラス A のネットワーク部は 7 ビット，クラス B のネットワー

ク部は 14 ビット，クラス C のネットワーク部は 21 ビットとなります．

　一方，ホスト部のビット数から，各クラスが収容できるホストアドレス数が決まります．ホスト部のビット全てが 0 や 1 の値は通常のアドレスとしては使えないことに注意すると，クラス A では下位 24 ビットがホスト部であることから 16,777,214 個，クラス B では下位 16 ビットがホスト部であることから 65,534 個，クラス C では下位 8 ビットがホスト部であることから 254 個のアドレスをそれぞれ収容することができます．このようにクラスごとに用いることができるアドレス数が違うことから，組織の大きさに応じて割り当てるクラスを変え，たくさんのコンピュータを持つ組織にはクラス A を，コンピュータが少ない組織にはクラス C を割り与えるなどといった方針が，アドレスクラスの基本的な考え方でした．

8.2.3　サブネットマスク

　当初のインターネットではアドレスクラスの考え方に基づいてアドレスの割り当てが行われていましたが，この方式には問題がありました．クラスごとの分割だけでは，一つの組織に対して大きすぎたり小さすぎたりすることがあり無駄が多かったのです．特にクラス A は大きすぎ，クラス C は小さすぎるためあまり用いられず，その結果クラス B のアドレスばかりが消費されるといったことが起こりました．そこでサブネットマスクという概念を導入することにより，各クラスごとのホスト部をさらに複数のネットワークに分割して用いる方法が考えられました．

　例えば図 8.3 に示すように，クラス B のアドレス 133.65.0.0 が配布されている組織において，これを分割し上位 22 ビットをネットワーク部とすることを考えます．この場合には，サブネットマスクが 255.255.252.0 となります．例えば 133.65.192.1 という IP アドレスを持っているコンピュータが所属するサブネットは，下位 10 ビットをホスト部として変化させ，133.65.192.1 から 133.65.195.254 までのアドレスを使えることになります．この場合，ネットワークアドレスが 133.65.192.0，ブロードキャストアドレスが 133.65.195.255 と表されます．上位 22 ビットがネットワーク部であることを示すため，133.65.192.1/22 というように表すこともあります．/22 を**サブネットマスク長**または**プレフィックス長**といいます．

8.2 IP アドレス

```
                    255.        255.        252.         0
サブネットマスク  |11111111|11111111|111111|00|00000000|
                  ←―マスクされる部分(ネットワーク部):―→ ←マスクされない→
                             22 ビット                 部分(ホスト部):
                                                        10 ビット

                    133.         65.        192.         1
IP アドレス      |10000101|01000001|110000|00|00000001|
                  ←クラスによる→ ←サブネット→ ←―ホスト部―→
                   ネットワーク部  マスクで
                                 拡張された
                                ネットワーク部
                         ⤵

                    133.         65.        195.        254
                |10000101|01000001|110000|11|11111110|
```

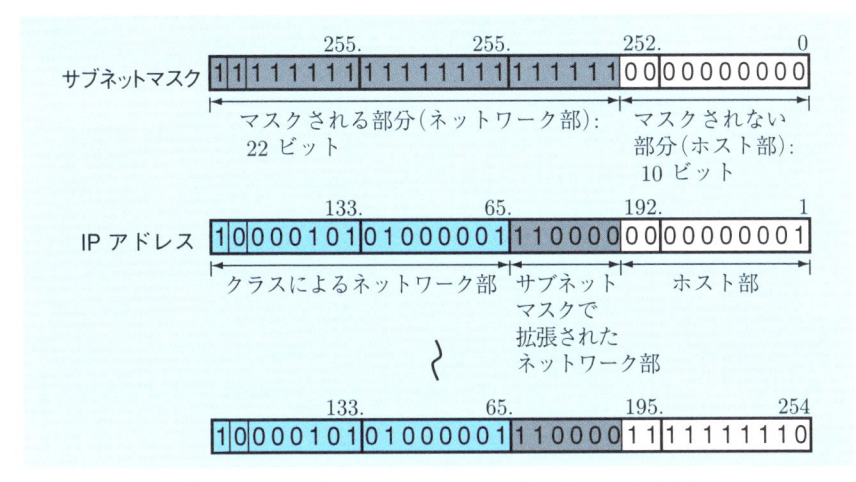

図 8.3 サブネットマスクによるネットワーク分割

このようにアドレスクラスに関係なくサブネットマスクによりネットワーク部を決定して経路制御を行う手法は **CIDR (Classless Inter-Domain Routing)** と呼ばれます．経路制御を行う場合，ネットワーク部のアドレスがいくつであるか知る必要があり，アドレスクラスを用いていた場合には前述のように先頭ビットの種類を読むことによって，先頭から何ビットがネットワーク部であるか知ることができました．これに対しサブネットマスクを用いた場合には，どこまでがネットワーク部であるか知ることができません．したがってアドレスクラスを用いてネットワーク部を決めていたときには，経路制御表には宛先ネットワークとそのフォワーディング先だけが記載されていましたが，サブネットマスクを用いるようになり，経路制御表にその情報も記録されるようになりました．

サブネットマスクを用いることにより，大きなアドレス空間を分割して小さな内部組織に分け与えることができるようになり，アドレス空間の有効利用が可能になりました．複数の小さなアドレス空間を一つにまとめて利用することも可能で，例えば連続するいくつかのクラス C のアドレスをまとめ一つの大きなネットワークとして扱うことができます．

8.3 IPによる経路制御

8.3.1 ルータの動作

　経路制御は，宛先のコンピュータまでパケットを届ける機能です．各コンピュータやルータは経路制御表を持ち，この表に従って受け取ったパケットを次へとフォワーディングしていき，宛先までパケットが到達するようにします．この手順を図 8.4 に表します．パケットを受け取ったコンピュータやルータは，宛先 IP アドレスを元に，次にパケットを渡すべきコンピュータやルータを決定して転送します．転送されたパケットは，また宛先 IP アドレスを元に，そのコンピュータやルータが持つ経路制御表に従い次の転送先が決定されます．この手順が繰り返され，最終的にパケットが宛先までたどり着くわけですね．

　ルータは，各パケットがどこからきてどのような経路を通り宛先までたどり着くのかといったことを一切把握していません．宛先アドレスのみにより次にどこへフォワーディングするか判断するだけであり，何らかの理由で経路制御表が書き換われば，同じ宛先のパケットでも異なる経路を通ることになります．これが IP による経路制御の特徴です．

8.3.2 経路制御表に基づいたパケット転送

　経路制御表はどのようなものでしょうか．図 8.5 のようにルータが接続されたネットワークにおいて，経路制御表に基づいたパケット転送がどのように行われるか見てみましょう．

　経路制御表は，宛先 IP アドレスと**ネクストホップ**の組になっています．例えば図 8.5 において，ルータ A の経路制御表は，以下のようになっています．まず 10.0.1.0/24 のサブネットはネクストホップが 10.0.1.1，つまり自身の上側のインタフェースです．これは 10.0.1.0/24 宛のパケットがきたら，上側のインタフェースに接続されているネットワークに送信（ブロードキャスト）するということを意味しています．同様に 10.0.2.0/24 のサブネットはネクストホップが 10.0.2.1，つまり自身の下側のインタフェースが出力先です．一方，10.0.3.0/24 と 10.0.4.0/24，そして 192.168.1.0/24 のサブネットは，ルータ B より右側のネットワークであり，これらのネットワーク宛のパケットは全てルータ B を経由しなければならないため，ネクストホップがルータ B の下側のインタフェー

8.3 IP による経路制御

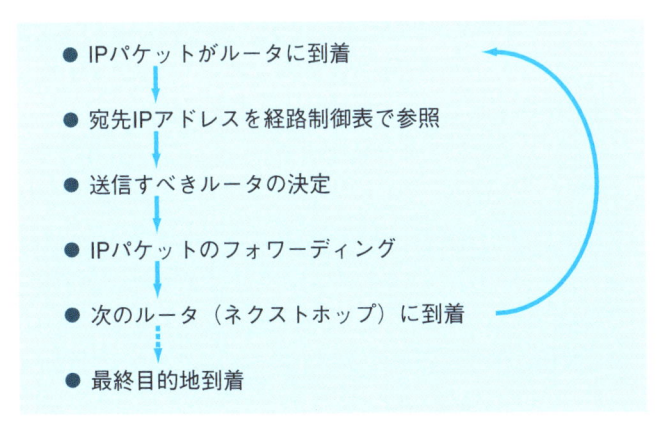

- IPパケットがルータに到着
- 宛先IPアドレスを経路制御表で参照
- 送信すべきルータの決定
- IPパケットのフォワーディング
- 次のルータ（ネクストホップ）に到着
- 最終目的地到着

図 8.4　ルータの動作

コンピュータ1 の経路制御表

宛先IP アドレス	ネクストホップ
10.0.1.0/24	10.0.1.2
default	10.0.1.1

ルータ D の経路制御表

宛先IP アドレス	ネクストホップ
10.0.1.0/24	10.0.3.1
10.0.2.0/24	10.0.3.1
10.0.3.0/24	10.0.3.3
10.0.4.0/24	10.0.3.2
192.168.1.0/24	192.168.1.1

ルータ A の経路制御表

宛先IP アドレス	ネクストホップ
10.0.1.0/24	10.0.1.1
10.0.2.0/24	10.0.2.1
10.0.3.0/24	10.0.2.2
10.0.4.0/24	10.0.2.2
192.168.1.0/24	10.0.2.2

ルータ B の経路制御表

宛先IP アドレス	ネクストホップ
10.0.1.0/24	10.0.2.1
10.0.2.0/24	10.0.2.2
10.0.3.0/24	10.0.3.1
10.0.4.0/24	10.0.3.2
192.168.1.0/24	10.0.3.3

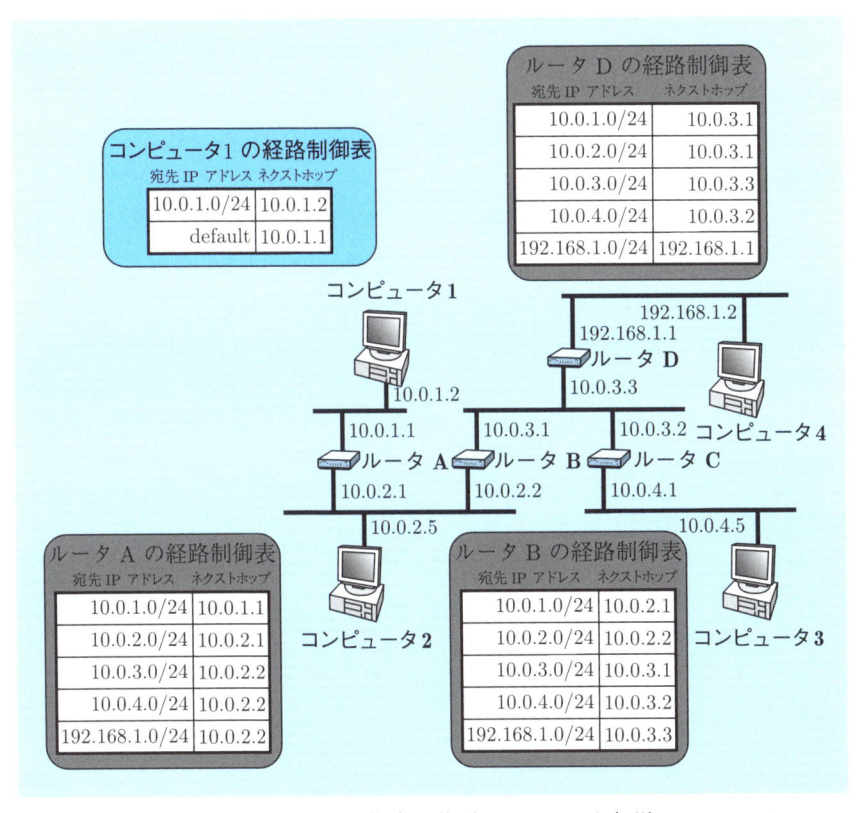

図 8.5　経路制御表に基づいたパケット転送

スのアドレスである 10.0.2.2 となっています．

経路制御表では，いくつか特別な表記があります．まず**デフォルトルート**は，経路制御表に載っているどのアドレスとも一致しない場合，こちらへパケットを転送するということを意味します．表記法としては，**0.0.0.0/0** または **default** と書き表します．

また**ループバックアドレス**は，実際にはネットワークを介した経路制御は行われず，コンピュータ内部のプログラム間で通信が行われます．これは主にテスト目的で用いられるアドレスで，この宛先へとパケットを送信すると，パケットがそのまま戻ってきてそれを受信することができます．**127.0.0.1** または **localhost** という表記がループバックアドレスを表します．図 8.5 では省略していますが，コンピュータの経路制御表には通常，ループバックアドレスも含まれています．

図 8.5 において，例えばコンピュータ 1 からコンピュータ 4 へパケットを転送する場面を考えてみましょう．コンピュータ 4 のアドレスは 192.168.1.2 ですので，コンピュータ 1 において経路制御表を見ると，10.0.1.0/24 以外のアドレスにあたり，default である 10.0.1.1，つまりルータ A にパケットを転送します．これを受け取ったルータ A においては，192.168.1.0/24 のサブネットのネクストホップは 10.0.2.2 ですので，ルータ B にパケットを渡します．ルータ B においては，192.168.1.0/24 のネクストホップは 10.0.3.3 ですので，パケットはルータ D に渡ります．そしてルータ D においては，192.168.1.0/24 のネクストホップは 192.168.1.1 であるため，上側のインタフェースが接続されたネットワークへパケットを送信し，これがコンピュータ 4 によって受け取られます．

8.3.3 経路制御表の縮約

経路制御表は経路の状況次第で書き換わるものですが，経路制御情報を縮約することによりできるだけ小さなものにすることが重要です．複数のサブネットが一つずつ経路制御表に載っているような場合には，それらをまとめて一つの代表ネットワークアドレスで経路制御することが可能です．例えば図 8.5 において，ルータ A の経路制御表がどのように縮約できるか考えてみましょう．

現在は，宛先サブネットが 10.0.3.0/24, 10.0.4.0/24, そして 192.168.1.0/24

8.3 IP による経路制御

10.0.1.0/24	10.0.1.1
10.0.2.0/24	10.0.2.1
10.0.3.0/24	10.0.2.2
10.0.4.0/24	10.0.2.2
192.168.1.0/24	10.0.2.2

⇒

10.0.1.0/24	10.0.1.1
10.0.2.0/24	10.0.2.1
default	10.0.2.2

図 8.6　経路制御表の縮約

の場合が全てネクストホップが 10.0.2.2 のルータ B になっています．もしルータ A において，10.0.1.0/24 と 10.0.2.0/24 のサブネット以外の宛先は全てルータ B を通して転送する場合，デフォルトルートはルータ B へ渡す 10.0.2.2 となります．したがって図 8.6 のように経路制御表を縮約することができます．

このように経路制御表を縮約することにより，ルータのメモリ空間や CPU パワーを節約することができて，パケットの転送能力を向上させることができます．

8.3.4　経路制御表の確認

コンピュータやルータにおいては，コマンドで経路制御表を確認することができます．ここではコンピュータにおける経路制御表の確認例を見てみましょう．

UNIX においても Windows においても，`netstat -r` といったコマンドで経路制御表を見ることができます．ネットワークインタフェースを二つ持ちルーティングも行うサーバなどのコンピュータの経路制御表は，例えば以下のようになります．以下は Linux における表示例です．

```
netstat -r
```

と問合わせを発行すると，

```
Kernel IP routing table
Destination Gateway         Genmask         Flags MSS Window irtt Iface
10.0.1.0    *               255.255.255.0   U       0 0          0 eth1
192.168.1.0 *               255.255.255.0   U       0 0          0 eth0
127.0.0.0   *               255.0.0.0       U       0 0          0 lo
default     192.168.1.1     0.0.0.0         UG      0 0          0 eth0
```

などというように，経路制御表が表示されます．

この表の例では，eth0 という名前のインタフェースに 192.168.1.0/24 のサブネットが，eth1 という名前のインタフェースに 10.0.1.0/24 のサブネットが接続されています．ループバックアドレスの 127.0.0.1 も表に載っています．そしてデフォルトルートは eth0 側のネットワークの 192.168.1.1 というルータとなっています．

8.3.5　スタティックルーティングとダイナミックルーティング

さて，経路制御表はどのように作られるのでしょうか．経路制御表が作られる方式には，大きく分けて**静的経路制御**（スタティックルーティング：static routing）と**動的経路制御**（ダイナミックルーティング：dynamic routing）があります．スタティックルーティングでは，ネットワークの構成を知っている管理者が，どのように経路制御を行ったらよいか考え，経路制御表を手動で作成します．一方ダイナミックルーティングでは，コンピュータやルータ間で経路情報を交換し，経路制御表を自動的に作成していきます．

スタティックルーティングの長所としては，経路制御表を作成するための余計な通信は行われません．またそのための負荷もルータにかかりません．これらの点がダイナミックルーティングと異なります．

一方ダイナミックルーティングの長所としては，管理者が経路制御表を作成しなくてすむので，管理が大変楽になります．また経路が変更された場合にも，動的に対応することができます．したがって単純なネットワーク構成の場合や管理者が意図的に経路を決定したい場合にはスタティックルーティングが用いられますが，一般にネットワークの構成は複雑なものとなるため，ダイナミックルーティングで経路制御表を自動的に作成し利用する方法が主に用いられています．

一つ注意点として，経路制御表そのものの作成は IP の中で定義されていないということを覚えておいてください．IP の役割は，用意された経路制御表に基づきパケット転送する処理を行うことだけです．逆にいえば，経路制御表の作成はどのような方式で行おうとも，でき上がった表を IP で利用することができます．これは IP そのものの仕事が大きくなり過ぎないように，他の機能と組み合わせることによって動作させようという考え方に基づいています．経

路制御表を作成するダイナミックルーティングの具体的なプロトコルについては，第 10 章で詳しく説明します．

8.4 パケットの分割と再構築

8.4.1 MTU とフラグメンテーション

本章の最初で述べたように，パケットの**最大転送単位**（**MTU：Maimum Transmission Unit**）はデータリンクごとに異なります．MTU を超える大きさのパケットが送られてきた場合，ルータで分割処理が行われます．分割処理のことを**フラグメンテーション**（**fragmentation**）といい，分割されてできたパケットを**フラグメント**（**fragment**）と呼びます．

分割されたパケットは，途中のルータでは再構築されず，宛先のコンピュータにおいて再構築されます．そのようにする理由の一つは，途中のルータに余計な負荷をかけないようにしたいということです．また途中で再構築した場合，その先で再度分割しなければいけない可能性があるので効率が悪くなるかもしれないという理由もあります．

8.4.2 経路 MTU 探索

パケットの大きさはできるだけ大きい方が一つ一つを効率よく運べるわけですが，経路途中のデータリンクの MTU を越えてしまうと分割を行わなければならなくなり，かえって効率が悪くなります．したがって，分割されない程度に最も大きなパケットサイズを用いることが重要です．宛先コンピュータまでパケットを送信したときに，途中の経路で分割が必要にならない最大の MTU を**経路 MTU** といいます．またこの経路 MTU をパケット送信元で知り，あらかじめその大きさにパケットを分割して送信することで，経路途中での分割を起こさせないようにする方法を**経路 MTU 探索**といいます．TCP は経路 MTU の値を基に**最大セグメント長**（**MSS：Maximum Segment Size**）を決定し，その大きさでパケットを送り出すことにより，IP 層でのパケット分割が起こらないようにしています．

経路 MTU 探索は，以下のような少し変わった手順を用いて実行されます．まず IP ヘッダ中のフラグメンテーション禁止フラグを 1 にして，IP データグラムを送信します．途中のルータで分割が必要になった場合，フラグメンテーショ

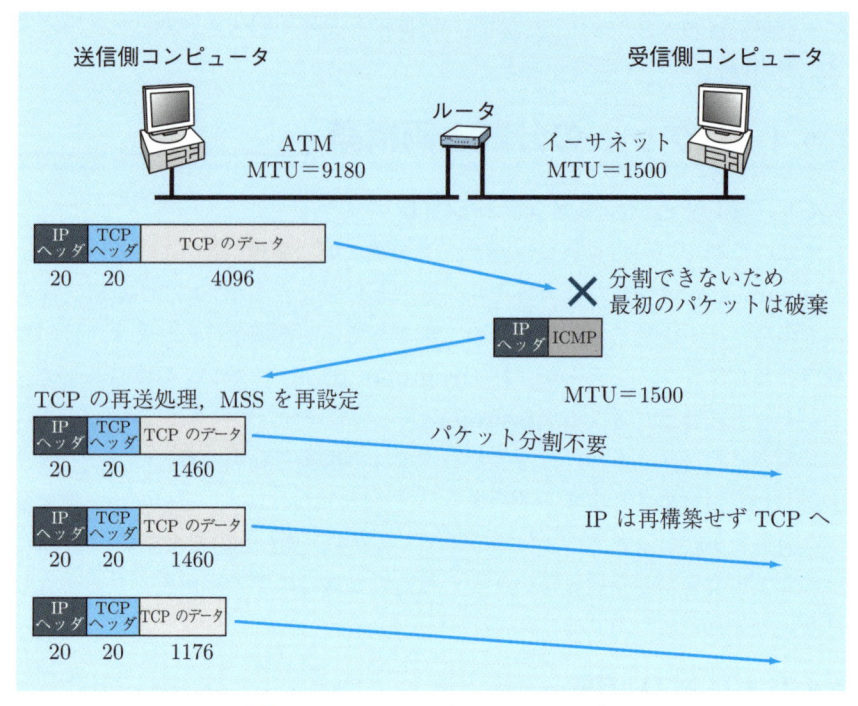

図 8.7 TCP における MSS の設定

ン禁止フラグが立っているためにそれ以上送信を行うことができず，パケットは破棄されます．パケットが破棄されたという情報は，ICMP (Internet Control Message Protocol) の到達不能メッセージにより送信元に知らされ，このときの MTU の値も通知されます．ICMP の働きについては次章で詳しく紹介します．送信元では，ICMP により通知された MTU の値を経路 MTU として利用し，この大きさまで分割を行ってから再度送信します．もしその先にもっと MTU の小さい経路が存在したら，またそこでパケットが破棄され，ICMP により MTU の値が通知されます．この手順を繰り返していき，最終的に ICMP が返ってくることなくパケットが宛先まで到達すれば，そのときの値が経路 MTU となります．すなわち途中の経路で分割が必要にならない最大の MTU を得ることができたわけですね．

TCP が経路 MTU を用いて MSS を設定する様子を図 8.7 に示します．例えば送信側コンピュータが MTU = 9180 オクテットの ATM に接続されてお

り，ルータを介して受信側コンピュータはその先の MTU = 1500 オクテットのイーサネット上にあるとします．TCP は MSS として例えば 4096 オクテットのパケットを送信すると，ATM のデータリンクは通りますが，イーサネットに到達した所でパケットが通らなくなり，ルータで破棄されて ICMP のメッセージが返ってきます．この ICMP には MTU が 1500 オクテットであることが記されています．そこで TCP は，MSS を MTU から TCP と IP のヘッダサイズ分だけ引いた大きさに設定して，再度送信を行います．こうして送信側から送られたパケットは，ルータで分割されることなくイーサネットを通って受信側まで到達します．受信側では，IP はパケットの再構築を行うことなくそのまま上位層の TCP へ引き渡し，TCP が再構築を行います．

第 8 章の章末問題

問題 1　IP プロトコルの主な役割を 3 つ挙げよ．

問題 2　IP アドレスとして 133.65.192.1/26 を使用しているドメインについて，以下の問いに 10 進数をドット（.）で区切った記法で答えよ．
(1) このドメインのサブネットマスクはいくつであるか．
(2) このドメインが使用できる IP アドレスの範囲はいくつからいくつまでか．ただし IP アドレスは全長が 4 オクテットであり，また全てが 0 や 1 のホスト部は割り当てられないことに注意せよ．

問題 3　図 8.5 におけるルータ C の経路制御表を書け．

第9章
IPを支える
インターネット層の仕組み

　インターネット層はIPを中心とした層であり，前章ではそのIPの働きを見てきました．本章では，IPに関する情報にはどういったものがあってどのように機能しているのか解説します．それからIPを支えるARP，ICMP，DHCPといったプロトコルを紹介します．さらにIPのプライベートアドレス空間における利用について述べます．

● 本書の内容 ●
IPに関する情報
インターネット層におけるIP以外のプロトコル
IPアドレスのサブネット内における利用

9.1 IPに関する情報

9.1.1 IPヘッダフォーマット

IPヘッダには，図 9.1 に示すような情報のフィールドが含まれています．これらはパケットの配送制御を行うのに必要な情報です．

最も重要な情報は，「送信元 IP アドレス」と「宛先 IP アドレス」であることは間違いないでしょう．すでに見てきているように，この二つの要素がなければパケットの配送を行うことは不可能です．また「プロトコル」フィールドには，上位層として使われているプロトコルが示されています．具体的には，TCP を用いた場合には 6，UDP を用いた場合には 17 です．

第 5 章で述べたとおり，「送信元 IP アドレス」，「宛先 IP アドレス」，「プロトコル」に「送信元ポート番号」と「宛先ポート番号」を加えた 5 つ組の情報が，コンピュータ間通信のコネクションの識別に用いられています．すなわち送信元/宛先のアドレスとポート番号を指定することにより，どのコンピュータ上のどのプログラムからどのコンピュータ上のどのプログラムへの送信であるか，一意に決まります．ただし同じポート番号を使って TCP と UDP のプログラムが別々に通信を行えるので，「プロトコル」の区別も必要です．

IPヘッダの他のフィールドも見ていきましょう．「バージョン」は IP プロトコルのバージョン番号を表します．実は IP にはバージョンの異なる種類があり，現在のインターネットで広く一般に用いられているのはバージョン 4 (**IPv4**) と呼ばれるものです．したがってこのフィールドには 4 という数字を 2 進数で表示した 0100 が入ります．次章において IP の後継バージョンといわれる **IPv6** を紹介しますが，IPv6 の場合にはバージョン番号は 6 ということになります．

「ヘッダ長」のフィールドには文字通りヘッダの長さが入り，オプションがない場合，IP のヘッダは 20 オクテットとなります．ただしこのフィールドには 4 オクテット単位の数字を入れ，20 オクテットを表すには 5 という数字が入ります．また「パケット長」にはパケットの長さをオクテット単位で表した数字が入ります．このフィールドは 16 ビットであるため，最大パケット長は 65535 オクテットとなります．

「サービスタイプ」は，サービス品質（**QoS**：Quality of Service）を表します．この値はアプリケーションによって指定されますが，通常は使用され

9.1 IP に関する情報

```
 0     3 4    7 8        15 16  18 19                    31 (ビット)
┌───────┬──────┬───────────┬──────────────────────────────┐
│バージョン│ヘッダ長│サービスタイプ│          パケット長              │
├───────┴──────┴───────────┼────┬─────────────────────────┤
│           識別子            │フラグ│    フラグメントオフセット       │
├───────────┬──────────────┼────┴─────────────────────────┤
│   生存時間   │   プロトコル    │       ヘッダチェックサム            │
├───────────┴──────────────┴──────────────────────────────┤
│                    送信元 IP アドレス                           │
├──────────────────────────────────────────────────────────┤
│                    宛先 IP アドレス                            │
├──────────────────────────────────┬───────────────────────┤
│              オプション              │       パディング          │
└──────────────────────────────────┴───────────────────────┘
```

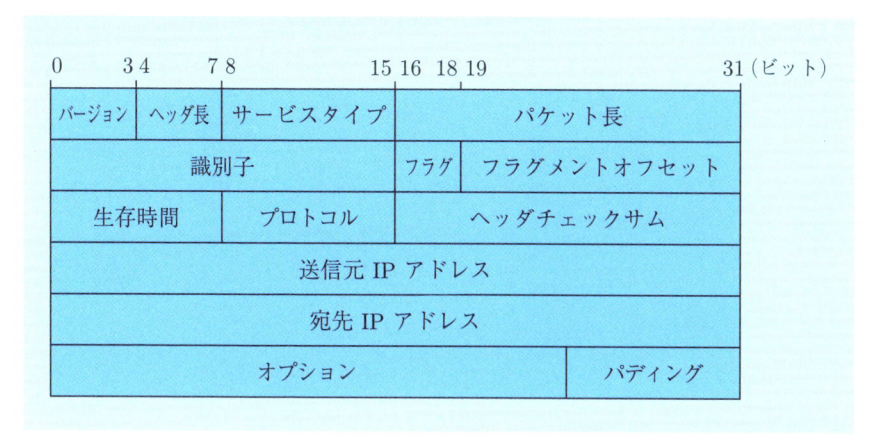

図 **9.1** IP ヘッダフォーマット

ていません．サービス品質を考慮した通信方式を用いる場合に利用することが可能です．

「識別子」は，分割されたパケットのフラグメントを識別するために用いられます．「フラグ」は，フラグメンテーションの禁止や最後のフラグメントであることを示すのに用いられます．「フラグメントオフセット」は，このフラグメントがデータグラムのどこに位置するかを表します．フラグメントは最小単位である 8 オクテットの倍数でなければなりません．フラグメントオフセットのフィールドが 13 ビットであるため，各データグラムは最大で 8192 個のフラグメントに分割可能ということになり，最小単位の 8 オクテットのフラグメントに分割しても，最大パケット長 65535 オクテットのデータグラムを表現することが可能です．

「生存時間」は **TTL (Time To Live)** とも呼ばれ，経由ルータ数を表します．ルータを通過するたびに 1 ずつ減らされ，0 になったらパケットは破棄されます．このようにして，エラーパケットがネットワーク上をさまよい続けることを防いでいます．

「ヘッダチェックサム」は，トランスポート層のヘッダの場合と同じく，ビットエラーを検出するものです．UDP や TCP の場合と同様に，16 ビット単位で 1 の補数の和を計算し，その 1 の補数をチェックサムとして用いています．

9.1.2 ネットワークインタフェース情報の取得

それではここで，コンピュータに IP アドレスなどがどのように設定されているか確認する方法を覚えましょう．Linux では ifconfig コマンドを使って表示させることができます．ネットワークインタフェースをいくつも持つ場合には，ループバックも含めて多くの情報が表示されます．引数に何も付けずに実行すると，全ての有効なインタフェースの情報が表示されます．情報を知りたいインタフェースを特定する場合には，そのインタフェース名を引数にして，例えば eth0 なら

```
ifconfig eth0
```

とコマンドを発行すると，

```
eth0 Link encap:Ethernet   HWaddr 00:07:E9:E3:B1:9F
     inet addr:192.168.1.2 Bcast:192.168.1.255 Mask:255.255.255.0
     UP BROADCAST RUNNING MULTICAST   MTU:1500  Metric:1
     RX packets:11295024 errors:0 dropped:0 overruns:0 frame:0
     TX packets:11444505 errors:0 dropped:0 overruns:4 carrier:0
     collisions:0 txqueuelen:100
     RX bytes:767668856 (732.1 Mb) TX bytes:275383857 (262.6 Mb)
     Interrupt:3 Base address:0xf000
```

などというように，eth0 の情報が出力されます．

IP アドレスは「inet addr: 192.168.1.2」というように表示されています．また，ブロードキャストアドレスが「Bcast:192.168.1.255」，サブネットマスクは「Mask:255.255.255.0」となっています．

もう一つ，「HWaddr 00:07:E9:E3:B1:9F」と表されているのは **MAC** アドレス（**Media Access Control Address**）です．MAC アドレスについて，詳しくは次章で説明しますが，これはデータリンクに接続しているコンピュータを識別するためのアドレスで，各コンピュータのインタフェースに固定的に付けられています．MAC アドレスは，ブロードキャストを利用した同一データリンク内の通信に用いられます．これに対し IP アドレスは，他のデータリンクへのパケット転送に用いられているということになります．

Windows においてはネットワークインタフェース情報は，コマンドプロンプトで `ipconfig` コマンドを発行することにより表示されます．`/all` オプションを付けて「`ipconfig /all`」とすると，MAC アドレスまで含めた詳細な情報を知ることができます．

9.2 インターネット層における IP 以外のプロトコル

9.2.1 ARP

インターネット層は何といっても IP が中心のプロトコルですが，その他に IP をサポートする形で，インターネット層に属するプロトコルがいくつかあります．まず **ARP (Address Resolution Protocol)** は，IP アドレスから MAC アドレスを知るためのプロトコルです．IP アドレスを元に転送されてきたパケットは，宛先のコンピュータのデータリンク内に到達すると，その先は MAC アドレスを元に転送が行われます．ネットワークインタフェースのハードウェアは IP アドレスを理解せず，MAC アドレスのみを用いて送受信を行っています．したがって転送を行うためには，ある IP アドレスを持つコンピュータの MAC アドレスがいくつであるのか知る必要があり，これを知るために用いられるプロトコルが ARP です．

ARP はまず，宛先 IP アドレスを ARP 要求パケットとしてブロードキャストします．このアドレスに該当するコンピュータは，自分の MAC アドレスを知らせるため ARP 応答パケットを返します．こうして得られた MAC アドレスを元に，その後の通信が行われます．ARP は通信のたびに毎回ブロードキャストで尋ねるのではなく，一度得られた MAC アドレスの情報は ARP テーブルという表にキャッシュされて一定期間は再利用されます．

それでは ARP テーブルを確認してみましょう．Linux において，これは `arp` コマンドで表示させることができます．例えば

```
arp -a
```

とコマンドを発行すると，

```
gateway (192.168.1.1) at 00:0B:5D:40:16:71 [ether] on eth0
nas (192.168.1.105) at 00:16:01:02:11:74 [ether] on eth0
host (192.168.1.112) at 00:13:72:16:3A:3F [ether] on eth0
```

などというように，IPアドレスとMACアドレスの組が示されます．Windowsにおいても，「arp -a」コマンドで同様の情報を確認できます．

参考としてARPの反対の処理を行うプロトコルに，**RARP** (**Reverse Address Resolution Protocol**) があります．これはMACアドレスからIPアドレスを知るためのプロトコルです．RARPは，ディスクレスワークステーションのように記憶装置を持たないコンピュータが，ブート時に自分自身のIPアドレスを知るために用いられます．すなわち，自分のMACアドレスをブロードキャストして，「誰かこのMACアドレスに相当するIPアドレスを知りませんか」と尋ねるわけです．通常は，そのディスクレスワークステーションを管理するサーバコンピュータがこれに応えます．ただ近年はPCなど端末の低価格化/高機能化が進んだため，ディスクレスワークステーションやRARPが使われる機会も減っています．

9.2.2 ICMP

インターネット層のその他のプロトコルとしては，前章でも触れた**ICMP** (**Internet Control Message Protocol**) があります．ICMPはIPの働きを助けるプロトコルです．主なICMPのメッセージには，表に示すようなものがあります．

- ICMP 到達不能メッセージ（タイプ 3）
- ICMP リダイレクトメッセージ（タイプ 5）
- ICMP 時間超過メッセージ（タイプ 11）
- ICMP エコーメッセージ（タイプ 0, 8）
- ICMP 始点抑制メッセージ（タイプ 4）
- ICMP ルータ選択メッセージ（タイプ 9, 10）
- ICMP アドレスマスクメッセージ（タイプ 17, 18）

IPはコネクションレス型であるため，パケットの到達は保証されません．そこでIPデータグラムが何らかの障害により到達できなかった場合，ICMPが

9.2 インターネット層における IP 以外のプロトコル

メッセージを送って障害の通知を行います．ICMP 到達不能メッセージは，この働きをするものです．

他に例えば，パケットの経路制御がうまくいかずパケットがネットワーク中をさまよってしまった場合などには，そのパケットは破棄されます．ICMP 時間超過メッセージは，送信元にそのことを伝える働きをします．

またネットワークの接続の有無を調べるために，UNIX でも Windows でもしばしば用いられる ping コマンドは，ICMP エコーメッセージを利用しています．これは宛先までテストパケットを送信し，ネットワークが接続されているかどうかを調べるのに用いられます．

以下は Linux における ping の実行例です．

```
ping 192.168.1.2
```

とコマンドを発行すると，

```
PING 192.168.1.2 (192.168.1.2) from 192.168.1.110
 : 56(84) bytes of data.
64 bytes from 192.168.1.2: icmp_seq=1 ttl=64 time=0.259 ms
64 bytes from 192.168.1.2: icmp_seq=2 ttl=64 time=0.263 ms
64 bytes from 192.168.1.2: icmp_seq=3 ttl=64 time=0.265 ms
64 bytes from 192.168.1.2: icmp_seq=4 ttl=64 time=0.259 ms
```

などというようにメッセージの応答が返ってきて，ネットワークが接続されていることを確認できます．宛先までの往復遅延時間も表されて，ネットワークの距離や状態なども知ることができます．このやり取りに，ICMP エコー要求（タイプ 8）と ICMP エコー応答（タイプ 0）のパケットが利用されているというわけですね．

9.2.3 DHCP

近年モバイルコンピューティングが盛んに行われるようになったことなどにより，頻繁に用いられているプロトコルに，**DHCP (Dynamic Host Configuration Protocol)** があります．DHCP は RARP の仕組みを基に開発されました．

DHCP はネットワークに接続したコンピュータに IP アドレスを自動的に配

布し，その管理を行うプロトコルです．ノートPCなどを持ち歩きネットワークに接続するたびにIPアドレスを設定しなおすのは手間がかかるため，このようなプロトコルが用いられるようになりました．モバイルコンピューティングの場合だけでなく，通常のネットワーク環境においても，利用されるコンピュータの台数が増えてきてアドレス管理の手間が大きくなっているため，DHCPによりアドレスを一括管理するケースも増えています．DHCPを利用すれば，各コンピュータにおいてアドレス設定の準備などを行うことなく，コンピュータをネットワークに接続しただけですぐにTCP/IP通信が可能になります．このように接続の際の自動化が行われることを，**プラグ&プレイ**といいます．

　DHCPは以下のように動作します．まずネットワークの管理者は，配布するIPアドレスなどのネットワーク設定情報をDHCPサーバに記述しておきます．DHCPを利用するコンピュータ（クライアント）は，DHCP発見パケット（DHCPDISCOVER）をブロードキャストします．これに対しサーバは，DHCP提供パケット（DHCPOFFER）で使用可能なネットワーク設定を通知します．次にクライアントは，通知されたネットワーク設定を，DHCP要求パケット（DHCPREQUEST）で使用要求します．そしてこれにサーバがDHCP確認応答パケット（DHCPACK）で使用許可を与え，ネットワークが利用できるようになります．

　DHCPはIPアドレスの配布という非常に重要な仕事を行っているので，DHCPにトラブルがあると，ネットワークが一切使えなくなってしまいます．そのため，DHCPサーバはネットワーク内に複数台設置することが推奨されています．

　しかし複数台のDHCPサーバがそれぞれ勝手にIPアドレスを配布してしまっては困るため，IPアドレス配布の一貫性を保つための措置が取られています．DHCPサーバ側は，IPアドレスの配布前にICMPエコー要求パケットを送信します．もしこれに反応があれば，そのアドレスはすでに使われているということになりますので，反応がないことを確認してからそのアドレスを配布します．一方DHCPクライアント側は，DHCPサーバから配布されたIPアドレスについて，ARP要求パケットを送信し，応答がないことを確認してからアドレスを使用します．

9.3 IPアドレスのサブネット内における利用

9.3.1 プライベートアドレスとグローバルアドレス

インターネットの元々の思想では，ネットワーク上の全てのコンピュータには全世界で一意のIPアドレスを割り当てることが基本でした．このIPアドレスを元に，正確にいえばIPアドレスのネットワーク部の値を元に，経路制御を行い目的のサブネットまでパケットを届ける仕組みです．

一方で組織の中，つまりサブネットの中だけで使えるIPアドレスというものも用意されています．これは**プライベートIPアドレス**と呼ばれ，以下のアドレスを使うものと決められています．

- 10.0.0.0 ～ 10.255.255.255 (**10.0.0.0/8**)
- 172.16.0.0 ～ 172.31.255.255 (**172.16.0.0/12**)
- 192.168.0.0 ～ 192.168.255.255 (**192.168.0.0/16**)

この範囲のアドレスについては，どの組織においても自由に用いてよいため，もちろん全世界で一意のIPアドレスとはなりません．サブネットの中だけの通信に用いられるアドレスであり，サブネット外向けの通信にこのアドレスを用いてはいけません．ただしプライベートIPアドレスを割り当てられたコンピュータが，サブネット内だけでなく外の世界と通信を行うようにすることは可能です．これには後述するNATが用いられます．

プライベートIPアドレス以外の，通常のアドレスを**グローバルIPアドレス**と呼びます．グローバルIPアドレスは全世界で一意のものとしなければならないため，利用者が勝手に使うことは許されません．このグローバルIPアドレスの割当と管理を行う大元の組織は**ICANN** (**Internet Corporation for Assigned Names and Numbers**) と呼ばれています．ICANNは，**IANA** (**Internet Assigned Numbers Authority**) と呼ばれる管理組織の後継組織で，民間の非営利法人です．その下部組織には，アジア太平洋地区のアドレス割当を管理する**APNIC** (**Asia Pacific Network Information Center**) が存在します．さらにその下部組織として，日本向けのIPアドレスの割当と管理を行う組織は**JPNIC** (**Japan Network Information Center**) です．利用者はJPNICに直接申請を出すか，一定の範囲のアドレスを割り当てられ

ている **ISP (Internet Service Provider)** を介するなどして，グローバル IP アドレスを取得します．

9.3.2 NAT

　ローカルなネットワーク内でプライベート IP アドレスを使用し，外のインターネットの世界と通信を行いたいと考えた場合，外向けにはグローバル IP アドレスへ変換する必要があります．これを行う装置が **NAT (Network Address Translator)** です．NAT は図 9.2 に示すように，外との通信を行う際にプライベート IP アドレスからネットワークの代表グローバル IP アドレスに変換してパケットを中継します．したがって NAT を用いることにより，一つのグローバル IP アドレスで複数のコンピュータが通信を行うことが可能になります．

　IP アドレスだけを変換する場合，同時に複数のコンピュータが通信を行うことはできません．どのコンピュータが通信を行っているか識別することができないからです．図 9.2 においては，同時に通信を行えるのはコンピュータ A，コンピュータ B のどちらか 1 台だけとなってしまいます．

　そこで図 9.3 のように，プライベート IP アドレスを外向けの通信においてはポート番号に対比させて変換することにより，同時に複数のプライベート IP アドレスから通信を行うことが可能になります．このような機能を持つ NAT を **NAPT (Network Address Port Translator)** といいます．現在では多くの NAT は，NAPT 機能も持っており，プライベート IP アドレスを割り当てられた複数のコンピュータが，同時に外部との通信を行うことが可能になっています．

　NAT を用いることにより，コンピュータ 1 台 1 台にグローバル IP アドレスを割り当てなくてもすむようになり，IP アドレスの節約を行うことができるようになりました．しかし NAT はパケットヘッダの IP アドレスやポート番号といった情報を，変換テーブルにより書き換えるという処理を行っており，この負荷のため通信性能は低下します．また内部から外部のコンピュータへは通信を行うことが可能ですが，外からサブネット内部のプライベートアドレスを持つコンピュータへ通信を行うことができません．NAT が何らかの事情により再起動した場合などは，変換テーブルの情報が消去されてしまい，全ての TCP コネクションがリセットされてしまうといった問題点もあります．

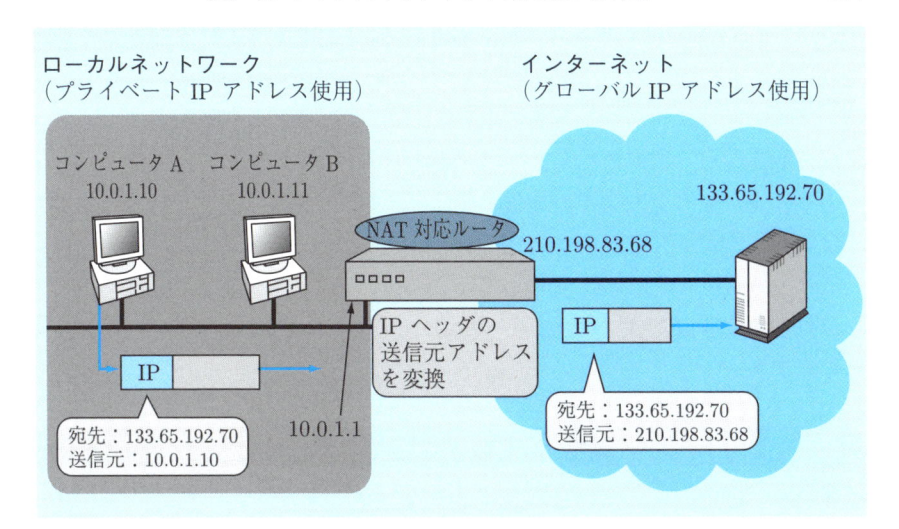

9.3 IP アドレスのサブネット内における利用

図 9.2 NAT の仕組み

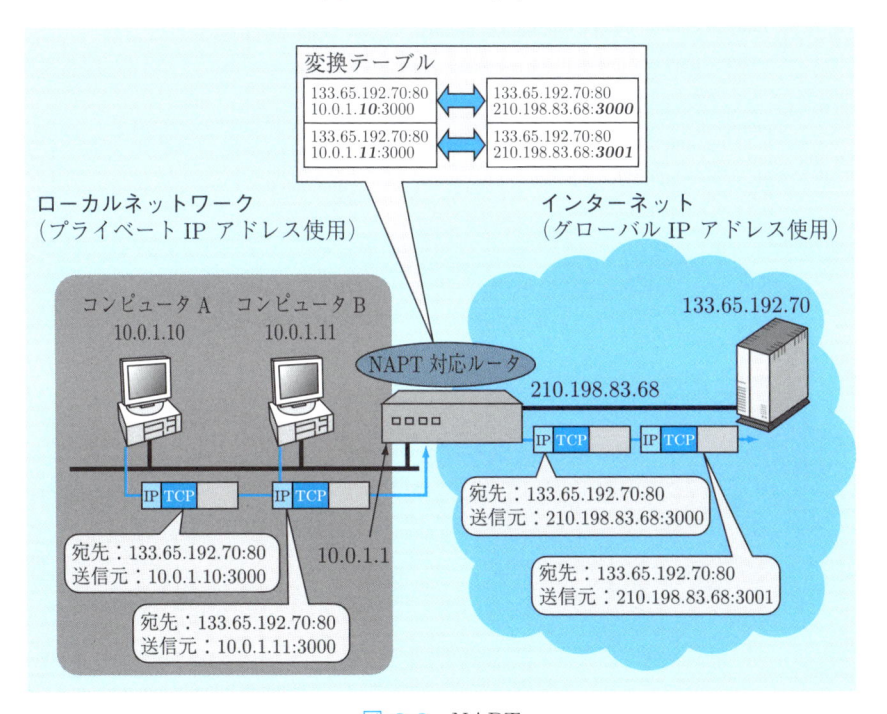

図 9.3 NAPT

さらに，NAPT はトランスポート層としては TCP か UDP を仮定して設計されているものですので，もし他のプロトコルが用いられた場合には正しく動作しません．インターネット層の IP アドレスとトランスポート層のポート番号の情報を混ぜて制御を行うことは，階層プロトコルの精神に反するという話もあります．そもそも全ての通信機器に全世界で一意の IP アドレスを与えようということがインターネットの元々の精神でした．

これらの問題点は，NAT を使っている限り根本的に解決することはできません．根本的な解決には，次章で述べる IPv6 のような新しいメカニズムが必要になります．

第 9 章の章末問題

問題 1　`ifconfig` コマンドにインタフェース名の引数を付けず実行したところ

```
lo   Link encap:Local Loopback
     inet addr:127.0.0.1  Mask:255.0.0.0
     UP LOOPBACK RUNNING  MTU:16436  Metric:1
```

といった項目も表示された．これは何を表しているか．

問題 2　NAT や NAPT はどのような目的で導入されたものであるか．またこれらを利用した場合の問題点は何か．

//
第10章
経路制御プロトコルとIPv6

本章もIPに関連した話題です．まず最初にIPがルーティングを行う際に参考にする経路制御表がどのようにして作成されるのか，具体的なプロトコルの動作と共に紹介します．また，次世代IPプロトコルといわれているIPv6についても，その概要を解説します．

●本書の内容●
経路制御
代表的な経路制御プロトコル
IPv6

10.1 経路制御

10.1.1 経路制御プロトコルの役割

　第8章でインターネット層の経路制御の動作を説明したときに，IPは経路制御表に基づいてルーティングを行うものの経路制御表の作成はIPの中で定義されていないと述べました．つまりIPは，誰かが決めてくれた経路制御の方法に従ってパケットの行き先を判断するだけということになります．それでは誰がどうやって経路制御の方法を決めているのでしょうか．これを決めているのが**経路制御プロトコル**です．経路制御プロトコルはIPの一部ではなく，厳密にはインターネット層のプロトコルに含まれませんが，TCP/IPに基づいて通信を行っているルータなどの上で動いており，IPと協調して経路制御を行うために動作しているプロトコルです．

　経路制御はIPアドレスのネットワーク部に基づいて行っており，ネットワーク部が異なるサブネット間にまたがってパケット転送する場合に用いられます．したがって同一サブネット内，つまり同じIPアドレス体系のLANの中だけで通信を行っている場合には関係しません．サブネットがいくつか集まったネットワーク環境で，正しいサブネット宛にパケットを転送するためにはどうしたらよいか考えなければいけない場合に経路制御が必要になります．

　経路制御はインターネット上でルータが経路制御表を参照して，パケットを正しい方向へ転送する処理です．第8章で述べたように，経路制御にはスタティックルーティングとダイナミックルーティングがあります．スタティックルーティングは，人間の手によってコンピュータやルータに経路情報を設定するのに対し，ダイナミックルーティングはルータが「自分はここにいますよ」といった情報を交換し合い，経路制御プロトコルが自動的に経路情報を設定します．

10.1.2 自律システム

　ネットワーク上で経路制御が行われる単位を**自律システム**（**AS**：**Autonomous System**）といいます．これは**経路制御ドメイン**とも呼ばれます．自律システムは，組織内で経路制御に関する方針である運用ポリシーを決め，その運用ポリシーを基に経路制御を適用する範囲です．地域のネットワー

クや，規模の大きな ISP などが自律システムとなります．比較的小さめな ISP や大学，企業などの組織は単独では自律システムとはならないことが多く，ある自律システムに所属する形となります．

各自律システムはそれぞれ **AS 番号**と呼ばれる 16 ビットの数字を持っています．次節で述べる自律システム間の経路制御にはこの AS 番号が使われます．AS 番号は 1 から 65535 までの数字で表されますが，このうち 1〜64511 はグローバル AS 番号と呼ばれ，グローバル IP アドレスと同じように一意に割当られます．これに対し 64512〜65534 はプライベート AS 番号と呼ばれて，プライベート IP アドレスのように各 AS 内で自由に用いることができますが，この情報を AS の外に流さないようにしなければなりません．

自律システムの割当と AS 番号の管理体系は，第 9 章で述べたグローバル IP アドレスの場合と同様です．全世界の自律システムを取り仕切る大元の組織は ICANN (IANA) であり，このうちアジア太平洋地区の割当を APNIC が受け持ちます．そしてそのうち日本に割り当てられた AS 番号は，JPNIC により管理されています．自律システムとしてどのようなものが具体的に存在するかは，以下の ICANN および JPNIC のホームページで確認することができます．

http://www.iana.org/assignments/as-numbers
http://www.nic.ad.jp/ja/ip/as-numbers.txt

また JPNIC による AS 番号割当のポリシーは，以下のページに詳しい記述があります．

http://www.nic.ad.jp/doc/jpnic-01001.html

10.1.3 経路制御プロトコルの分類

経路制御を行うプロトコルには，**IGP (Interior Gateway Protocol)** と **EGP (Exterior Gateway Protocol)** があります．IGP は自律システム内の経路制御を行うプロトコル，EGP は自律システム間の経路制御を行うプロトコルです．自律システムに対する IGP と EGP との関係を 図 10.1 に示します．

図に示されているように，自律システムは大きくなった場合，さらに領域（エリア）とよばれる単位に内部を分割して管理します．各領域には**領域番号**が付けられます．

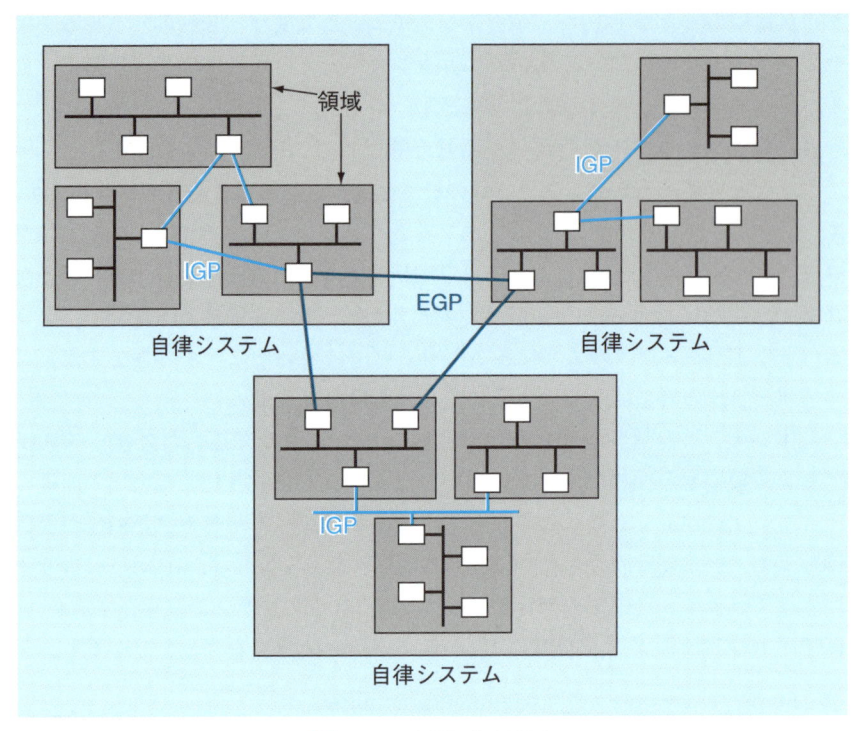

図 10.1 IGP と EGP

　また経路制御のアルゴリズムとして代表的なものには，**リンク状態**（**Link-State**）型や**距離ベクトル**（**Distance-Vector**）型があります．リンク状態型は，ルータがネットワーク全体の接続状態を理解して経路制御表を作成していく制御アルゴリズムです．ネットワークが複雑になっても各ルータは正しい情報を得やすく，安定した経路制御を行うことができます．これに対し距離ベクトル型は，距離と方向により目的とするネットワークやコンピュータの位置を決定するアルゴリズムです．ルータ間でネットワークの距離と方向に関する情報を交換していき，どのネットワークはどちら方向にどれだけの距離であるかという表を作成していくため，距離ベクトル型と呼ばれます．ダイナミックルーティングの場合，ネットワークの向きと距離に関する情報がルータ間で自動的に交換され経路制御表が作成されます．

IGP の代表的なプロトコルに **OSPF (Open Shortest Path First)** や **RIP (Routing Information Protocol)** があります．OSPF はリンク状態ルーティング，RIP は距離ベクトルルーティングです．

一方 EGP の代表的なプロトコルには **BGP (Border Gateway Protocol)** があります．BGP は距離ベクトル型の一種である**経路ベクトル型**アルゴリズムで動作しています．次節で各プロトコルの概要を説明します．

10.1.4 最適経路探索：ダイクストラのアルゴリズム

個々のプロトコルを説明する前に，抽象的なネットワークにおける最適経路探索問題を考えてみましょう．図 10.2 (a) のようなネットワークがあったとします．各ノード間のリンクに付けられた数字は，そのリンクを通ってパケットを転送するのにかかるコストです．コストは単にリンクの長さかもしれないですし，その他の要因を考慮した抽象的な概念の距離かもしれません．このようなネットワークにおいて，あるノードからあるノードへ行くための最適経路（最短経路）を見つけるにはどうしたらよいか，というのが与えられた問題です．

この問題の解法の一つに，**ダイクストラ（Edsger Wybe Dijkstra）**のアルゴリズムがあります．ダイクストラのアルゴリズムでは，出発点から順番に隣接ノードを調べていき，出発点までの距離が最短になるためには各ノードでどちら方向へ進めばよいか比較しながら進路を決定していきます．図 10.2 には，A から出発して I へ向かう経路を調べていったステップが示されています．

現在隣接ノードを調べているノードをワーキングノードと呼び，図 10.2 では矢印が付けられています．また各ノードのラベルは，その時点における (出発点までの距離, 向かうノード) の組となっています．例えばあるノードのラベルがある時点で (5, B) となっていたとします．そのとき，このノードから出発点へ行く最短経路の候補は隣接ノード B へ向かうことが最も有望であると考えられ，その場合の出発点までの距離は 5 であるということを意味します．初期状態では全てのノードのラベルを $(\infty, -)$ とします．ダイクストラのアルゴリズムは，以下のように動作します．

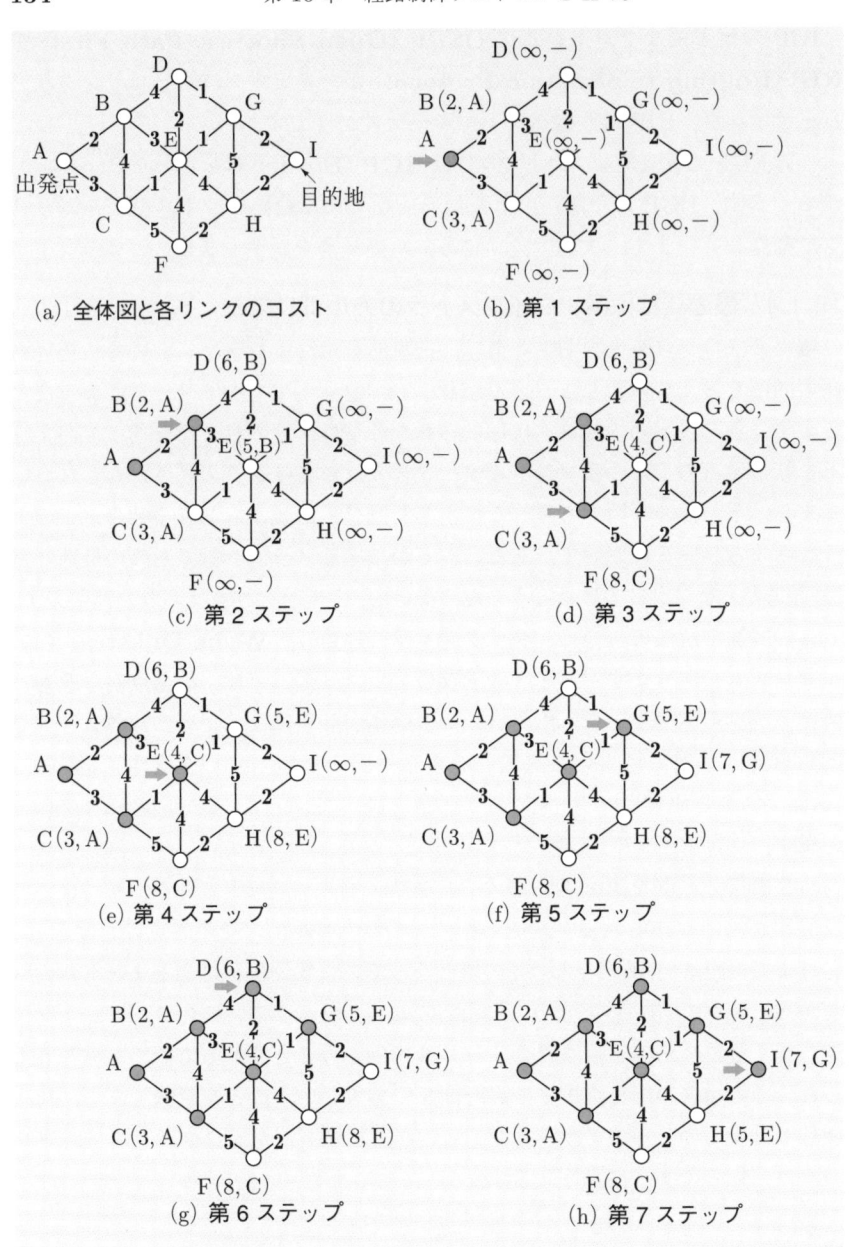

図 10.2 ダイクストラのアルゴリズム

> **ダイクストラのアルゴリズム**
>
> (1) 出発点をワーキングノードとする．
> (2) ワーキングノードの隣接ノードを調べ，ワーキングノード経由の方が距離が短くなる場合にはラベルを更新．
> (3) 全ての未確定ノードのラベルの中で最も距離が短いものを次のワーキングノードとし，これはラベルが確定（青丸で表す）．
> (4) ワーキングノードとして目的地が選ばれた場合にはラベル付けが終了，さもなければステップ (2) へ戻り次を調べる．
> (5) 目的地からラベルを逆向きにたどってノードをつなげると，これが求める最短経路．

図 10.2 の例では，まず出発点 A がワーキングノードになり隣接する B と C のラベルを更新します．この場合は B の方がラベルの距離が短いため B が次のワーキングノードになりラベルが確定，B に隣接する C, D, E の B 経由の距離を調べます．すると C は現在のラベルの方が距離が短いので変更なし，D と E は B 経由でそれぞれ (6, B), (5, B) となります．全ての確定していないノードのラベルを比較すると最も距離が短いのは C であるため，C が次のワーキングノードとなりラベルが確定します．そして C の隣接ノードのうちラベルが確定していない E と F を調べると，E は (4, C) とラベルが書き換わり，F は (8, C) で，次のワーキングノードは E となります．このようにしてワーキングノードが I になるまでラベルの確定を続けていきます．

目的地 I のラベルが確定したところで，I からラベルを逆にたどっていきます．この場合には確定したラベルがそれぞれ I(7, G), G(5, E), E(4, C), C(3, A) となり，最短経路は A→C→E→G→I であることがわかりました．

10.2 代表的な経路制御プロトコル

10.2.1 リンク状態ルーティング：OSPF

リンク状態ルーティングでは，各ルータが隣接ルータの状態を情報として知らせ合うことにより，ネットワークの情報が全てのルータに伝わるようにします．具体的には，次ページの図 10.3 に示すように隣接ルータの状態をパケッ

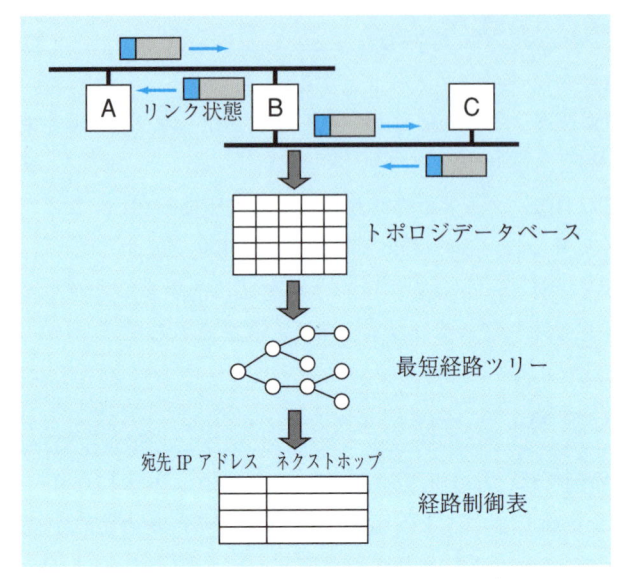

図 10.3 リンク状態ルーティング

トにまとめ，このパケットをネットワーク中に分配していきます．

　まず，パケットを受け取ったルータは，その情報からリンク状態のデータベース（**トポロジデータベース**）を作成します．わかりやすくいうと，各ルータがネットワーク全体の情報を収集して地図を作るようなイメージです．これができ上がったら，他のルータへの最短経路を調べていきます．この際に使われるのが，ダイクストラのアルゴリズムです．

　他のルータまでの最短経路を調べていった結果は，そのルータ自身を根としたツリー構造として表現されます．その最短経路ツリーを基に，経路制御表を作成します．

　リンク状態ルーティングの代表的な経路制御プロトコルとしては，OSPF が挙げられます．IGP の標準的なプロトコルとしては，ARPANET の時代より次項で述べる RIP が用いられてきましたが，自律システムが大きくなるにつれ，うまく動作しなくなってきました．そこで後継となるプロトコルが IETF によって開発され始め，その結果出てきたプロトコルが OSPF です．OSPF は 1990 年に IETF の標準となり，現在では特に大規模な自律システムにおいて，標準的に用いられています．

タイプ	メッセージの種類	機能
1	ハロー（Hello）	隣接ルータの検出／維持
2	データベース記述	データベース情報を交換し比較
3	リンク状態要求	データベースが古い時に新しいものを要求
4	リンク状態更新	データベース更新のためのリンク状態伝送
5	リンク状態確認	リンク状態の確認応答

図 10.4 OSPF で用いられるメッセージ

OSPF においては，各リンクごとにかかる転送コストの重みを付けてトポロジの情報を交換し，各ルータがトポロジに関するデータベースを作成します．そしてダイクストラのアルゴリズムにより最短経路を調べていき，経路制御表を作成します．隣接ルータ間でリンク状態の情報を交換する際に用いられる OSPF のメッセージは，図 10.4 の 5 種類です．

OSPF では周期的に隣接ルータとメッセージを交換し，互いの生存を確認します．これがハロー（Hello）メッセージです．また初期状態でトポロジデータベースを交換するために，データベース記述メッセージが用いられます．そしてリンク状態要求メッセージにより隣接ルータに対し新しい情報を要求することができ，リンク状態更新メッセージにより情報が伝えられます．その確認応答としてリンク状態確認メッセージが送られます．

10.2.2 距離ベクトルルーティング：RIP

距離ベクトルルーティングの場合，各ルータは各自が持つ経路情報をネットワーク上へ定期的にブロードキャストします．経路情報は宛先へ向かう方向とそこまでの距離，つまりベクトル情報です．隣から受信した情報に距離 1 を足したものが自ルータの情報となり，これをまたブロードキャストしていきます．たとえば隣のルータが，ルータ X までの距離は 2 であると知らせてきたら，そのルータではルータ X までの距離は 3，向きは隣のルータ方向であると判断します．このような情報を集め，宛先への距離と方向を記した経路制御表を作成します．

こうして集めた情報には，同じ目的地へのエントリが複数含まれている可能性があります．その場合には，距離が最も短いエントリを有効な情報として経路制御表を縮約します．

距離ベクトルルーティングはシンプルで実装しやすく，インターネットの初期の頃からよく用いられました．しかしこのアルゴリズムには，以下に述べるような問題点もあります．図 10.5 に距離ベクトルルーティングの様子を示します．

図には各ルータが，ルータ A までの距離（ホップ数）と方向からなるベクトル情報を隣接ルータと交換していく様子が示されています．最初はルータ B がルータ A に関するベクトル情報として，自分が「距離 1 でルータ A へ到達する」という情報をルータ C へ伝えます．これを受け取ったルータ C は，距離に 1 ホップ加え，方向はルータ B とします．この情報はさらにルータ D に伝えられ，ルータ D のルータ A に関するベクトル情報が作成されます．

このとき，ルータ A がダウンしたとします．これを検出したルータ B は，ルータ A に関するベクトル情報を消去します．ところがその次のステップで，ルータ B はルータ C から「距離 2 でルータ A へ到達する」という情報を聞き，ルータ B はルータ A に関して，距離 3，方向はルータ C というベクトル情報を作成してしまいます．この情報はその次のステップでルータ C へ伝わり，ルータ C のベクトル情報が距離 4，方向はルータ B と更新されます．次のステップではこの情報がルータ B とルータ D へ伝わり，それぞれ更新されます．

これを見るとわかるように，ルータがダウンした情報はなかなかネットワーク全体に伝わりません．緩やかに距離が増大していき無限に近づく訳ですが，「ルータのダウンである」と判断するためには，ベクトル情報の距離がネットワークの最長経路よりも長くなるまで待つ必要があります．この問題は，**無限カウント問題**といわれており，大規模なネットワークでは情報の収束に時間がかかってしまいます．

距離ベクトルルーティングは実装も運用もしやすいことから，インターネットの初期の ARPANET の時代から用いられてきました．RIP がこの代表例です．現在では前節で述べた OSPF が IGP の標準的なプロトコルとなっていますが，RIP も小規模なネットワークなどで未だに用いられています．

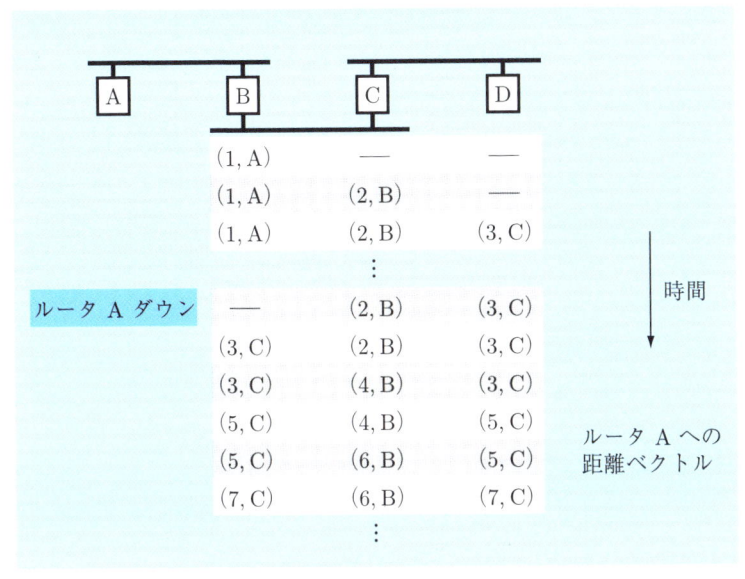

図 10.5　距離ベクトルルーティング

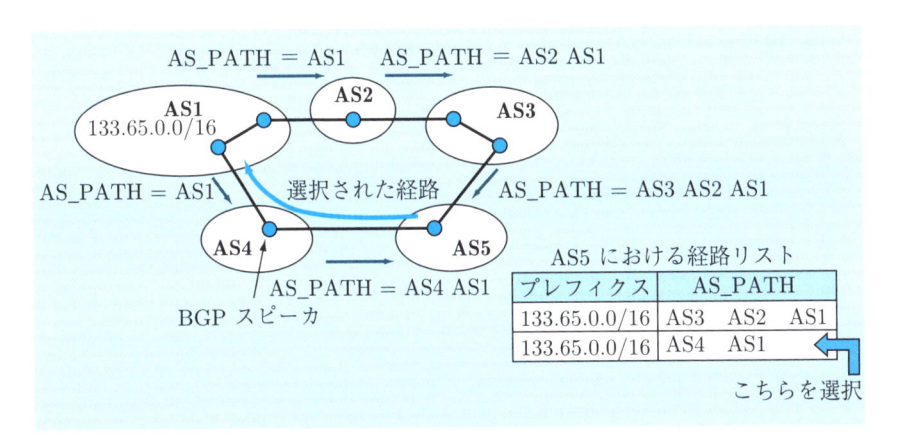

図 10.6　経路ベクトルルーティング

10.2.3　経路ベクトルルーティング：BGP

　EGP の代表としては，BGP が広く用いられています．BGP においては，図 10.6 に示すように AS 番号により経路制御が行われます．この経路制御は，経路ベクトルルーティングと呼ばれるものです．

各自律システムに存在する **BGP スピーカ**と呼ばれるルータが，自律システムの内外にコネクションを確立し，メッセージを交換して経路リストを作成していきます．経路リストは，目的とする自律システムまでに通過する AS 番号のリストです．図 10.6 では，133.65.0.0/16 の AS1 宛の経路を各 BGP スピーカに伝えていき，これにより経路リストを作成しています．この例では AS5 において，AS1 宛の経路リストが二つできました．

この経路リストのうち，長さが短い方を選択して，経路制御を行います．ただし EGP においては，必ずしも距離の長短だけでなく，組織の管理者の定める方針に従って，意図的に通る経路を決めることができます．これは例えばネットワークの使用権，課金，あるいは政治的なポリシーなどによって決まってきます．

経路ベクトルルーティングにおいては，距離ベクトルルーティングにおける無限カウント問題は容易に解決することができます．経路リストの中に自身を通るものがあったらこれを選択しなければよいからです．

10.3　IPv6

10.3.1　IPv6 が必要な理由

現在のインターネットで一般に用いられている IP は，バージョン 4（IPv4）と呼ばれるものです．これに対し，現在の IP に変わる新しい IP として提案されているのがバージョン 6（IPv6）と呼ばれるプロトコルです．1990 年より IETF は新しい IP の設計に着手しました．

IPv6 の導入が必要だと主張される理由の一つとして，IP アドレスの枯渇問題があります．インターネットが，当初誰も想像していなかった程の爆発的な勢いで普及してしまったため，このままでいくと遠からず IP アドレスが足りなくなってしまうだろうと心配されたのです．そのため IPv6 には，この先いくらアドレスを割り当てていっても不足することのないような，膨大な IP アドレス数を持つプロトコルが期待されました．他にも新しい機能の追加など，IPv4 による長年の経験を踏まえて次世代向けにインターネット層プロトコルを改良しようという考えにより，設計が進められました．

- 2 進数による表現
  1111111011000000:0000000000000000:0000000000000000:
  0000111100011010:0000001000001011:0101110111111111:
  1111111001011011:0000000001011101
- 16 進数による表現
  fec0:0:0:f1a:20b:5dff:fe5b:5d
- 0 が続く箇所を省略
  fec0::f1a:20b:5dff:fe5b:5d

図 10.7　IPv6 アドレスの表記例

10.3.2　IPv6 の 特 徴

　IPv6 の特徴は，まず何よりも IP アドレス空間の拡大です．IPv4 のアドレス長は 4 オクテットであるのに対し，IPv6 では 16 オクテットのアドレス長を採用しており，使用できるアドレス数は圧倒的に多くなっています．4 オクテット，すなわち 32 ビットのアドレスで表記できる数は $2^{32} = 4.3 \times 10^9$ で約 43 億個です．これに対し 16 オクテット，すなわち 128 ビットのアドレスで表記できる数は，$2^{128} = 3.4 \times 10^{38}$ 個となり，これを使い切ることは，現在のコンピュータ環境ではまず考えられません[†]．

　またルータ等における IP の処理を単純化し，パフォーマンスの向上を行っています．それから，ネットワークに接続するだけで IP アドレスの決定などが行えるプラグ＆プレイ機能の実現が挙げられます．さらに認証機能や暗号化機能などセキュリティ面の充実も，IPv6 の特徴であるといえます．

10.3.3　IPv6 のアドレス表記法とヘッダフォーマット

　次に IPv6 のアドレス表記法を見ておきましょう．IPv4 では 32 ビットのアドレスを 8 ビットごとにピリオド（.）で区切り 10 進数で表しましたが，IPv6 では 128 ビットのアドレスを 16 ビットごとにコロン（:）で区切り 16 進数で表します．また，0 が二つ以上続くところは，コロンを二つ続けて（::）省略することが可能です．たとえばある IPv6 アドレスの 2 進数表記，16 進数表記，そして 0 が続く箇所を省略した表記は図 10.7 のようになります．

[†] 10^{38} は 100 澗という値になります．澗は億，兆，京，垓，秭，穣，溝の次の単位です．

IPv6 のグローバルアドレスのフォーマットは，図 10.8 のようになっています．上位 64 ビットがネットワーク部，下位 64 ビットがホスト部です．ネットワーク部は階層的に識別子が付けられていることがわかると思います．

また IPv6 においては，ホスト部の一部にはネットワークインタフェースの MAC アドレスをそのまま用いることができます．MAC アドレスはハードウェアに元々設定されているものであり，この値が自動的に用いられますので，IPv6 においては各コンピュータに IP アドレスを手動で割り当てる必要はありません．ネットワークに接続すると，IPv6 ルータからネットワーク部を受け取り，MAC アドレスをホスト部として自動的に IP アドレスが設定され，プラグ＆プレイが実現されています．

IPv6 のヘッダフォーマットは図 10.9 のようになっています．詳しい説明は省略しますが，送信元 IP アドレスと宛先 IP アドレスがそれぞれ 128 ビットとなっていることが最大の特徴です．また図 9.1 で示した IPv4 のヘッダフォーマットに比べ，簡素になっていることがわかるかと思います．これによりルータの負荷を減らすことができ，高速通信に適したフォーマットを目指したものであるといえます．

10.3.4 IPv6 の導入が進んでいない理由

ところで IPv6 は 1990 年代当初より，長いこと次世代の IP であるといわれながら，現状においては未だ IPv4 に置き換わる形での導入が進んでいません．これはいくつかの原因によると考えられます．

最も大きな原因は，IPv6 の導入を必要と考えた最大の理由であるアドレスの枯渇問題と関係があります．IPv6 の導入が提案された当初，IPv4 のアドレスは次々に消費され，近い将来に枯渇問題に直面するであろうと考えられました．しかしその後，サブネットマスクの導入などによるアドレスの効率的な使用方法が確立され，さらにプライベートアドレスと NAT を用いることによってグローバル IP アドレスの消費が抑えられるようになったため，当初の予想ほどは IPv4 のアドレスの枯渇問題が緊急の課題ではなくなりました．また例えばセキュリティなど新しい機能の一部が，IPv6 を待たずに IPv4 において前倒しで実現されてしまったことも，IPv6 を導入する動機を弱めてしまいました．

IPv6 と IPv4 を直接混在して用いることはできないため，IPv6 を導入するた

10.3 IPv6

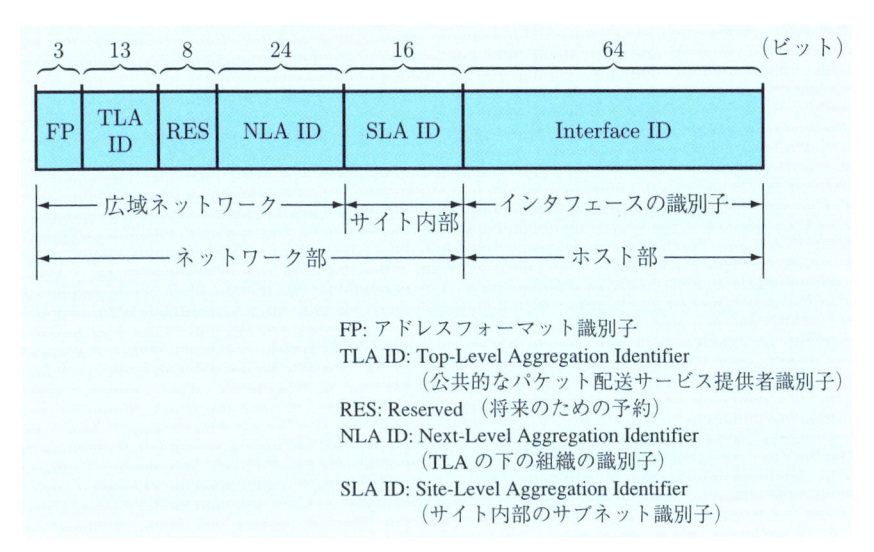

```
   3    13    8    24      16         64          (ビット)
┌────┬──────┬────┬──────┬────────┬──────────────────┐
│ FP │ TLA  │RES │NLA ID│ SLA ID │  Interface ID    │
│    │ ID   │    │      │        │                  │
└────┴──────┴────┴──────┴────────┴──────────────────┘
  ├──── 広域ネットワーク ────┤サイト内部├── インタフェースの識別子 ──┤
  ├──────── ネットワーク部 ────────────┤├───────── ホスト部 ─────────┤
```

FP: アドレスフォーマット識別子
TLA ID: Top-Level Aggregation Identifier
 （公共的なパケット配送サービス提供者識別子）
RES: Reserved （将来のための予約）
NLA ID: Next-Level Aggregation Identifier
 （TLA の下の組織の識別子）
SLA ID: Site-Level Aggregation Identifier
 （サイト内部のサブネット識別子）

図 10.8　IPv6 グローバルアドレスのフォーマット

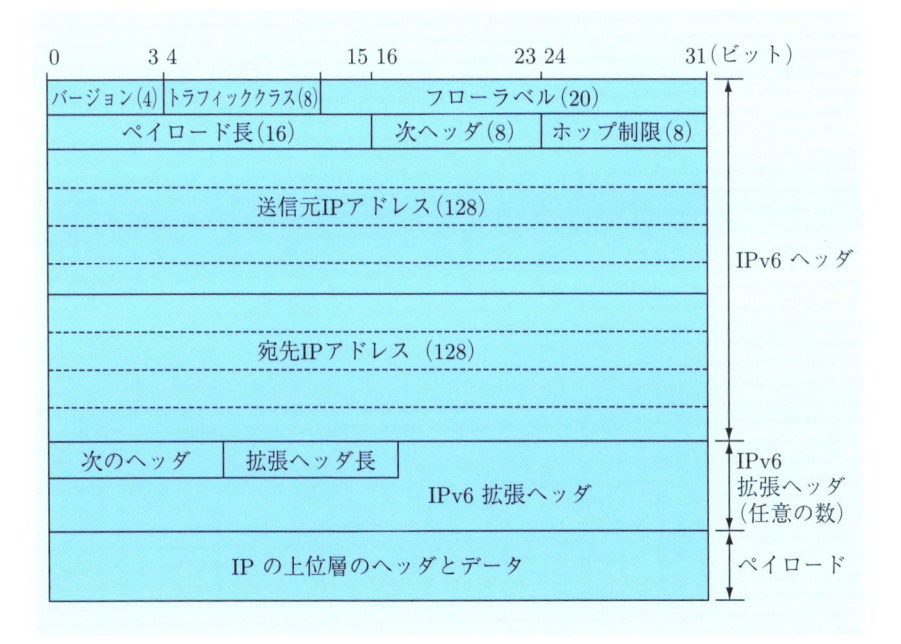

```
 0    3 4       15 16     23 24      31(ビット)
┌─────┬─────────┬──────────────────────┐
│バージョン(4)│トラフィッククラス(8)│   フローラベル(20)      │
├─────────────┼──────────┬──────────┬──┤
│ ペイロード長(16)        │次ヘッダ(8)│ホップ制限(8)│
├─────────────────────────┴──────────┴────────┤
│                                              │
│           送信元IPアドレス(128)              │   IPv6 ヘッダ
│                                              │
├──────────────────────────────────────────────┤
│                                              │
│           宛先IPアドレス (128)                │
│                                              │
├──────────┬──────────┬────────────────────────┤
│ 次のヘッダ │拡張ヘッダ長│                      │   IPv6
├──────────┴──────────┴─────────────────────── ┤   拡張ヘッダ
│           IPv6 拡張ヘッダ                     │   (任意の数)
├──────────────────────────────────────────────┤
│      IP の上位層のヘッダとデータ               │   ペイロード
└──────────────────────────────────────────────┘
```

図 10.9　IPv6 ヘッダフォーマット

めには IPv4 対応のコンピュータやルータを置き換えていく必要がありますが，今のところ緊急に導入する必要はおきていないため，置き換えは進んでいないのが現状です．ただし今後，ユビキタスコンピューティングといわれる，あらゆる電子機器がインターネットで接続されるような環境が一般的になった場合には，膨大なアドレス空間が必要となり，IPv6 の導入が進むかもしれません．IPv6 に関する今後の動向は，是非そのような視点で注目してください．

第 10 章の章末問題

問題 1 図 10.2(a) の各リンクのコストを適当に変え，ダイクストラのアルゴリズムに従って A から I へ向かう最短経路を求めよ．

問題 2 IPv6 の導入が進められている最大の理由について，IPv4 とのアドレス空間の大きさの違いに基づき定量的に論じなさい．

第11章
下位層プロトコル

本章と次章で下位層について解説します．まず本章では下位層プロトコルの概要を紹介します．データリンクやMACアドレスなどについて述べた後，CSMA/CDやCSMA/CAと呼ばれる送信権制御方式の動作を説明します．

● 本書の内容 ●
データリンク
MACアドレスとデータリンク層における通信
送信権制御方式

11.1 データリンク

11.1.1 データリンクの概要

データリンクとは，通信媒体で直接接続された機器間で通信するための仕様です．一般には通信媒体でつながっている機器をまとめてデータリンクと呼ぶことが多いです．物理層は電圧の変化や光の点滅を0と1の信号に変換し，データリンク層ではこれを「フレーム」という単位にまとめて伝達します．インターネットとはデータリンクの集合体であり，データリンクはネットワークの最小単位であると考えることができます．

また IP より上の層からは，下位のデータリンクがどのようなものであるのかわかりません．したがってデータリンクごとの MTU の相違などが見えず，どのようなデータリンクを用いていても上位層が意識しないですむように，IP 層でパケットの分割や再構築の処理を受け持っています．つまり IP はデータリンクの抽象化を行っているということもできます．

データリンクの具体例としては，イーサネットや **ATM**（**Asynchronous Transfer Mode**）などが挙げられます．通信媒体として無線を用いる無線 LAN などもあります．本章ではデータリンクの概要を解説し，イーサネットや無線 LAN など具体例の詳細は次章で述べます．

11.1.2 伝送方式による分類

データリンクにおけるデータ伝送方式としては，**単方向通信方式**（**simplex**），**半二重通信方式**（**half duplex**），**全二重通信方式**（**full duplex**）と呼ばれるものがあります．単方向通信方式は，文字通り一方向にしかデータを流さない伝送方式です．一方，半二重通信方式は，1本の伝送路を使って送信と受信を切り替えながら行うものであり，トランシーバと同じように送信しているときは送信のみ，受信しているときは受信のみが行えます．これに対し全二重通信方式は，送信用と受信用の伝送路が分かれており，電話と同じように送信しながら受信も行えるというものです．

イーサネットは，元々は1本の伝送路を複数のコンピュータが共有して通信を行う半二重通信方式でした．現在のイーサネットでは，全二重通信を行うこともできるようになっています．

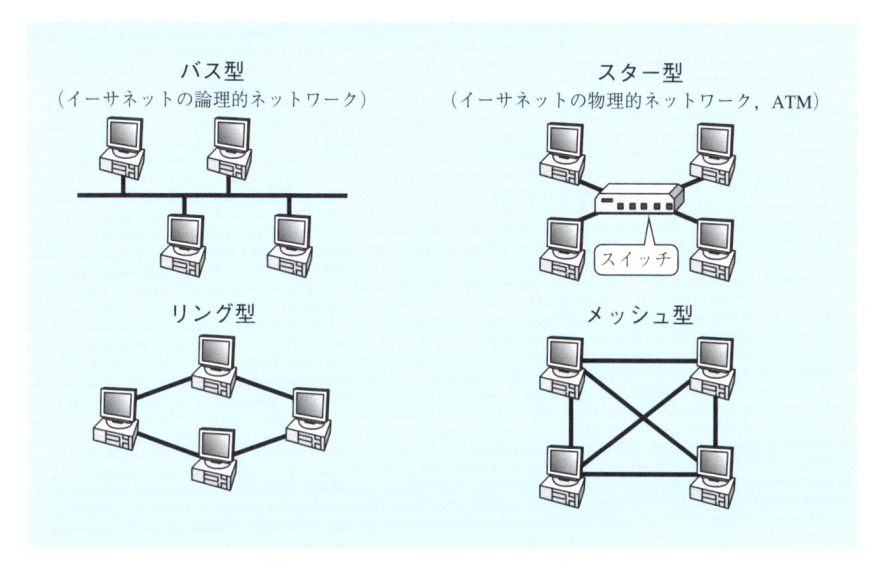

図 11.1 データリンクのトポロジ

11.1.3 データリンクのトポロジ

　データリンクには様々なトポロジがあります．図 11.1 に示すように，代表的なものにバス型，リング型，スター型，メッシュ型などがあり，それぞれ特徴があります．バス型は，1本のバスに複数のコンピュータがつながる単純な構成です．リング型は送信したデータが1周して戻ってくると全てのコンピュータに伝わったことを確認できるといったメリットがありますが，リングのどこかが切れると全てつながらなくなってしまいます．スター型は中心のスイッチで全てをコントロールできる反面，これが故障すると全ての通信に支障をきたします．メッシュ型は部分的に故障しても影響が全体に及びにくいですが，多くの線を引かなくてはなりません．

　イーサネットは元々バス型のネットワークでした．その後イーサネットは，後述するようにスイッチングハブを用いて構築する形が主流になり，物理的にはスター型のネットワークとなっています．ただし半二重通信を行う場合には，論理的にバス型の構成であるといえます．ATM は基本的にスター型の構成です．

11.1.4 データリンクを構成する通信媒体

　データリンクを構成する通信媒体は，まず有線と無線に分類できます．有線

の媒体として，多く用いられているものが銅線ケーブルです．銅線ケーブルにおいては，電圧の変化により0または1のデジタル信号を伝えます．この場合，信号の波形が歪んだり劣化したりしやすいため，長距離をそのまま伝送することはできません．ある程度距離を延ばしたいときには，信号の波形を増幅して補正する**リピータ**と呼ばれる装置が必要です．

また有線の媒体として，光ファイバが用いられることもあります．この場合には光の点滅で0か1のデジタル信号を伝えます．光ファイバは銅線ケーブルに比べると信号が劣化しにくいため，長距離の伝送を行うことができます．また一般に送れるデータ量も銅線ケーブルより多くなり，高速伝送に向いています．

無線の媒体としては，電波や赤外線などが用いられます．赤外線はごく近距離の伝送に使用されています．電波を用いて伝送を行う場合，電波は波長によって性質が大きく異なり，さまざまな種類の伝送方法があります．その種類によって到達する距離や伝送速度が大きく異なりますが，一般に無線通信はノイズが多く入ってしまうため，有線に比べると伝送速度は低くなります．

11.1.5 符号化方式

物理的な通信媒体上の変化と，論理的なデジタル信号との間を結びつける方式を符号化方式といいます．例えば電圧の変化から0または1のデジタル信号への変換については，図 11.2 に示すようにたくさんの方式が考えられています．これは一例であり，実際にはさらに多くの方式が考案され用いられています．

NRZ (Non Return to Zero) 符号化方式では，0と1をそれぞれゼロ電圧と正電圧（あるいは負電圧）に対応させています．NRZ という名前はビットごとにゼロに戻らないということに由来しており，反対にビットごとにゼロに戻る **RZ (Return to Zero) 符号化方式**と呼ばれるものもあります．

マンチェスタ符号化方式では，0は正電圧からゼロ電圧へ，1はゼロ電圧から正電圧へなどと変化させることにより0と1を表しています．この方式の特徴は，ビットごとに必ず値が変化するため，データ列からその通信のビット間隔を表すクロックが再生可能であることです．次章で紹介する 10BASE-T イーサネットではこの方式が採用されています．またビットごとに必ず値が変化するようにした上で，ビットの変わり目のところで電圧の変化があった場合を0，変化しない場合を1と割り当てる方式もあり，これは**差動マンチェスタ符号化方式**

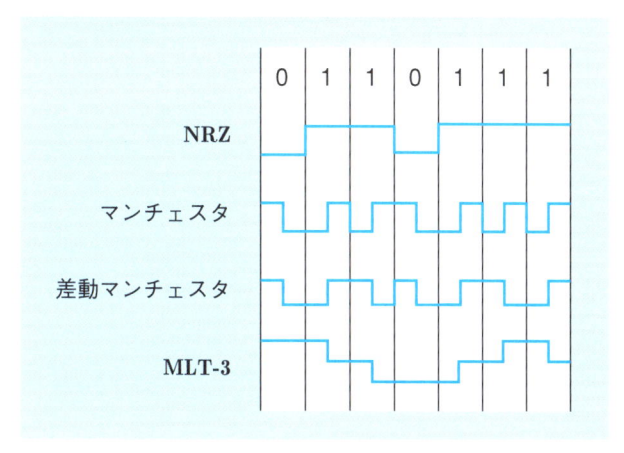

図 11.2 符号化方式

と呼ばれています．

さらに負電圧，ゼロ電圧，正電圧の3値を利用する **MLT-3 符号化方式**もあります．1の場合には上記3値を順次変化させ，0は信号を変化させないということで表現するものです．現在広く用いられている 100BASE-TX イーサネットではこの方式が用いられています．

11.2 MACアドレスとデータリンク層における通信

11.2.1 MACアドレスの概要

データリンク層で用いるアドレスは MAC アドレスです．MAC アドレスはコンピュータやルータなどのネットワークインタフェースに付与されるもので，公式に用いられるグローバル MAC アドレスは，データリンクの種類に寄らず全世界で一意の値となっています．MAC アドレスのフォーマットを図 11.3 に示します．

48 ビットの MAC アドレスのうち，先頭のビットはマルチキャストであるかユニキャストであるかの区別を表すもの，2 ビット目がグローバル MAC アドレスかローカル MAC アドレスかの区別を表すものです．その後の上位 24 ビットまでがベンダ識別子で，**OUI (Organizationally Unique Identifier)** と

```
                OUI (Organizationally Unique Identifier)
        0 1 2 3                    24 25                        48
        ┌─┬─┬─┬──────────────────────┬──────────────────────────┐
        │ │ │ │    ベンダ識別子       │   ベンダ内での識別子      │
        └─┴─┴─┴──────────────────────┴──────────────────────────┘
              │
              │→ U/L (Unique/Local) ビット
              │    0: グローバルアドレス
              │    1: ローカルアドレス
              │
              → I/G (Individual/Group) ビット
                   0: ユニキャストアドレス
                   1: マルチキャストアドレス
```

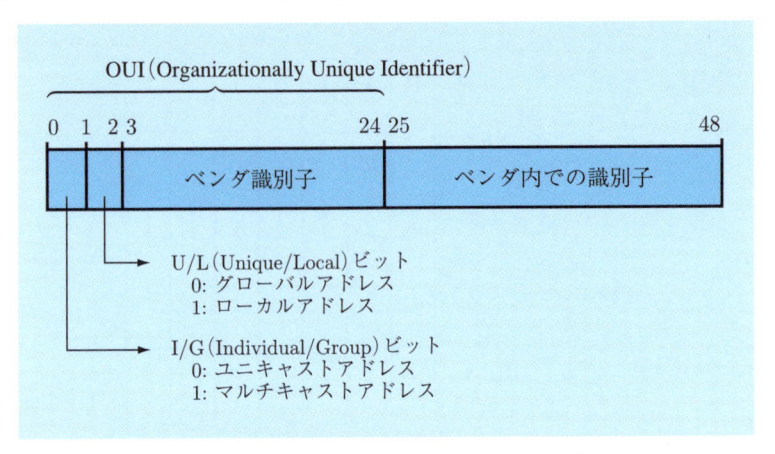

図 11.3　MAC アドレスのフォーマット

呼ばれ，ネットワークインタフェース製品を作成したベンダの ID が割り振られています．すなわち同じベンダが作成した NIC の MAC アドレスは，上位 24 ビットが同じ値となります．この値は IEEE が管理しており，申請企業に対して重複しないように割り当てられています．大手のネットワークインタフェースのベンダの場合，1 社で複数の OUI を所持しているところもあります．OUI の一覧表は以下のサイトに載っています．

　　http://standards.ieee.org/regauth/oui/oui.txt

　一方，下位 24 ビットはベンダ内での識別子で，この値としては各ベンダが一つ一つのネットワークインタフェース製品に異なる値を割り当てます．このようにして，上位ビットと下位ビットの値を合わせると，全世界で一意のアドレスとなるのです．

　IP アドレスは，ネットワークの階層構造に合わせて，ネットワークの構築後に決めて設定するアドレスですが，MAC アドレスはコンピュータあるいは **NIC（Network Interface Card）** を購入した時点ですでに決められています．勝手に変えられてはトラブルが起こるため，MAC アドレスは NIC の ROM (Read Only Memory) に書き込まれ，通常は変更ができないようになっています．これまで見てきたように IP アドレスは階層構成に割り振られており，この値に基づいて宛先までルーティングを行いますが，MAC アドレスの場合，同じ

データリンク内の各々のアドレスが全くばらばらになっています．製品を購入した時点で決まっているアドレスであるため，規則的に構成することは不可能です．したがってデータリンクにおいては，次節で述べるようにブロードキャストにより宛先にパケットを渡します．ブロードキャストを用いれば，アドレスが規則的な構成になっていなくても通信が可能ですよね．

MACアドレスについては，IPv4アドレスのように枯渇の心配はないのでしょうか．図11.3に示すように，MACアドレス48ビットのうち，上位2ビットはI/GビットとU/Lビットですが，残り46ビットを用いて$2^{46} = 7.0 \times 10^{13} = $約70兆個ものアドレスを表すことができます．この数字を見る限り，毎年どれだけ多くのMACアドレスが使われていったとしても，当面枯渇の心配はないといってよさそうです．

11.2.2 データリンク層における通信方式

インターネット層においては，IPアドレスのネットワーク部に基づき宛先のサブネットまでパケットを転送します．目的のサブネットへ到達した後は，IPアドレスのホスト部に相当するコンピュータを探してパケットを届けなければなりません．このサブネット内の通信は，データリンク層のMACアドレスを用いて行われます．

まずIPアドレスのホスト部から，第9章で説明したARPを用いて，目的とするコンピュータのMACアドレスを知ります．そしてこのMACアドレスを使いデータリンク層において処理が行われ，宛先へパケットが届けられます．この際のデータリンク層における通信は，ブロードキャストが基本となっています．バス型やリング型など通信媒体を複数のコンピュータが共有して利用する**媒体共有型**のネットワークでは，図11.4に示すように，各コンピュータは全てのフレームを一旦受信し，宛先のMACアドレスを確かめた上で自分宛のフレームのみを受信し，他のものは破棄するという方式となっています．

一方スイッチを用いるスター型など**媒体非共有型**のネットワークに関しては，図11.5に示すようにブロードキャストは行われません．あらかじめ行われた通信によりMACアドレスごとの宛先をスイッチが把握しており，これに基づいて転送先の決定が行われます．

媒体共有型のネットワークにおいては，データリンク上の全てのコンピュー

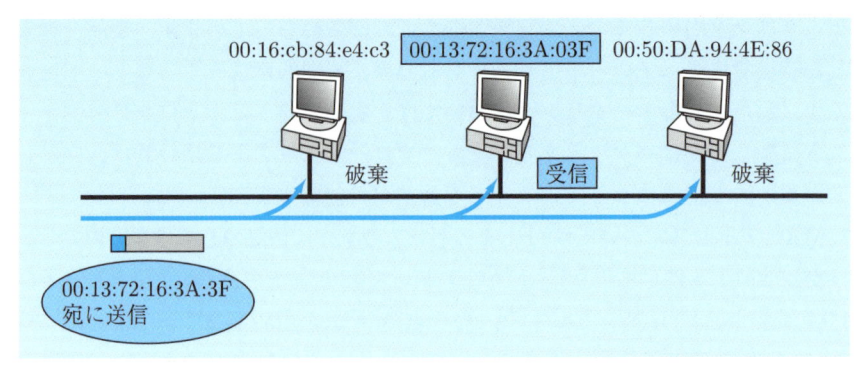

図 11.4 媒体共有型ネットワークにおけるブロードキャスト

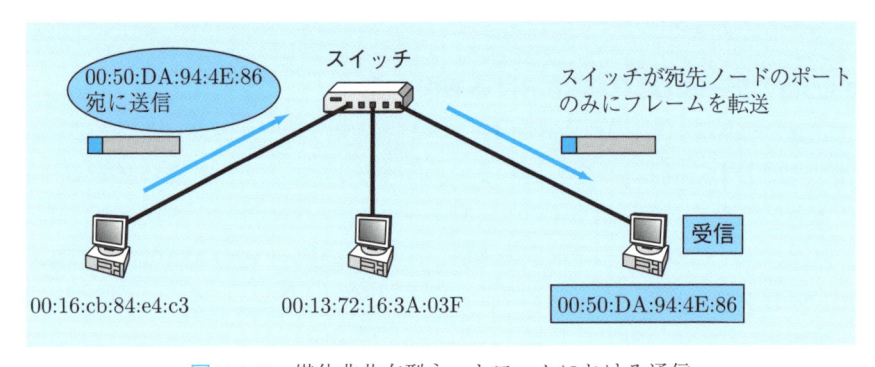

図 11.5 媒体非共有型ネットワークにおける通信

タがブロードキャストを受け取り，MAC アドレスに基づいて宛先を識別しますが，通信媒体を共有する場合には，どのコンピュータが媒体を使用するか決定する，優先権の制御が必要です．これにはコンテンション方式やトークンパッシング方式などがあります．

コンテンション方式の代表は，**CSMA (Carrier Sense Multiple Access) 方式**です．これはデータの送信権を競争で奪い取る方式です．イーサネットは CSMA 方式の一種である CSMA/CD (Carrier Sense Multiple Access with Collision Detection) と呼ばれる方式を使用しています．CSMA/CD に関しては次節で述べます．

一方，**トークンパッシング方式**は，トークンと呼ばれる特別なパケットを巡回させ，これを獲得したときのみ送信を行えるようにして，送信権を制御して

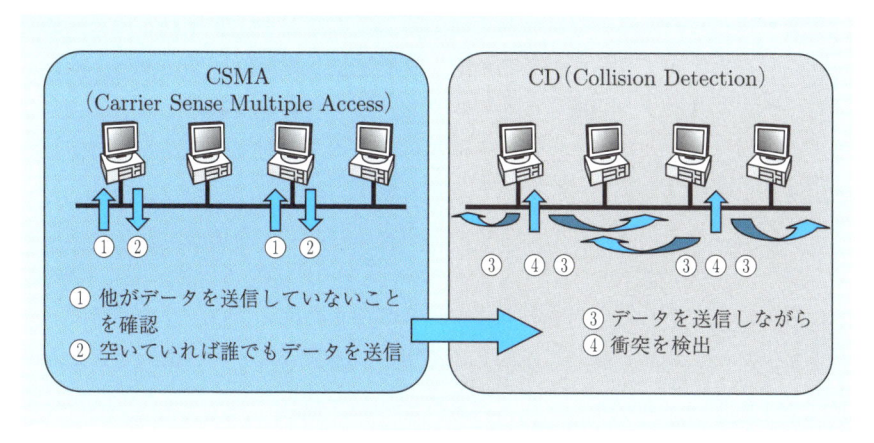

図 11.6　CSMA/CD

います．トークンを保持するコンピュータのみが送信を行うため，基本的に衝突は発生せず，平等に送信権が回ります．またネットワークが混雑しても，あまり大きく性能低下が起こらないという特徴があります．

11.3　送信権制御方式

11.3.1　CSMA/CD

CSMA/CD (Carrier Sense Multiple Access with Collision Detection) は，一つの伝送路を複数のコンピュータが共有して通信を行うコンテンション型の送信権制御方式です．伝送路の空きを早く見つけた者が伝送路の使用権を獲得する，早い者勝ちの競争方式です．複雑な制御を必要としない点が特徴ですが，ネットワークの混雑時には性能が低下してしまうという欠点があります．CSMA/CD の概念図を図 11.6 に示します．

まず送信元のコンピュータは，データリンクにおいてデータを運ぶ信号である**搬送波**を調べて他の通信が行われていないことを確認します．通信路が空いていることが確認されたら，データを送信します．このように空いていることを確認してから通信を行っていますが，トークンを用いた送信権の制御は行われておらず，空いてさえいればどのコンピュータが送信を行ってもよいため，この動作が同時に行われた場合には，通信の衝突が起こる可能性があります．

衝突が起こったときには，複数の信号がデータリンク上を流れるため，衝突を判別することができます．そこでデータを送信したコンピュータは，それと同時にデータリンク上の搬送波をモニタし，衝突の有無を確認します．自分自身の送信信号のみがモニタされたら衝突は起こっておらず，異なる送信信号も検出されたら衝突が起こっていると判断します．

衝突が起こった場合には，送信は一旦中止され，**ジャム信号**という特別な信号を送って衝突が起こったことを他のコンピュータにも知らせます．その後，しばらく待ってから再送信を行います．この待ち時間を，**バックオフ時間**といいます．バックオフ時間として同じ値を用いた場合には，再び衝突が起こる確率が高くなってしまいます．そこで各々が乱数を発生させてランダムな値に決定するような仕組みになっています．それでも再び衝突が起こってしまった場合には再度待って送信を行いますが，そのときのバックオフ時間は長さの範囲を倍にしていき，衝突が起こる確率を低くしています．

CSMA/CD という名前は覚えにくいかもしれませんが，その名前が方式の動作そのものを表しています．Carrier Sense, すなわちデータリンク上の Carrier（搬送波）を調べ自分以外の信号が流れているかどうか確認し，空いていればデータを送信します．その際には送信権などはなくどのコンピュータも対等に送信を行うことができ，ネットワークに対して Multiple Access（多重アクセス）であるといえます．そして送信してから衝突の検出，すなわち Collision Detection を行います．このように CSMA/CD という名前が何の略であるか覚えておけば，CSMA/CD の動作を説明することができます．

CSMA/CD はイーサネットの通信制御方式として知られています．ただしイーサネットは，現在はバス型のネットワークではなくなり，ほとんどの場合スイッチングハブを用いるスター型の構成となりました．この構成においても，半二重通信を行う場合には CSMA/CD 方式が用いられています．全二重通信を行う場合には，基本的にスイッチにおいて送受信が衝突することはないため，CSMA/CD による制御は必要ありません．

CSMA/CD 方式の最大の特徴は，動作が比較的単純であるために，機器を構築しやすいということが挙げられます．このことは，CSMA/CD 方式を採用したイーサネットが広く普及した大きな要因の一つであると考えられます．

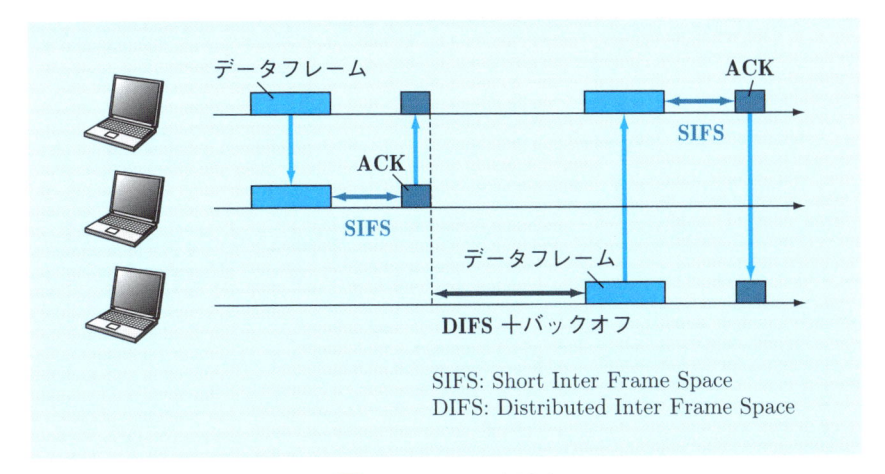

図 11.7　CSMA/CA

11.3.2　CSMA/CA

　CSMA/CD は有線ネットワークにおいては大変有効な方式ですが，下位層が無線ネットワークの場合には用いることができません．何故かというと，無線通信においては衝突検出（Collision Detection）が難しいからです．有線ネットワークにおいては，データを送信しながらその信号をモニタし，自分以外の送信信号もモニタされた場合には衝突が起こっていると判断できます．しかし無線ネットワークの場合には，多くのノイズが通信路に入り込んでしまう可能性が高いため，自分の送信信号以外がモニタされたとしても，それが衝突によるものなのかノイズによるものなのか判断することができないのです．

　そこで無線ネットワークでは，CSMA/CD とよく似た名前の **CSMA/CA**（**Carrier Sense Multiple Access with Collision Avoidance**）という方式が用いられます．その動作も CSMA/CD によく似ています．ただし歴史的な順序として，CSMA という衝突を前提とした通信制御方式は，1960 年代終わり頃からハワイ大学を中心として研究された **ALOHA** という無線通信システムから生まれてきており，これがイーサネットの CSMA/CD の元となったということですので，無線における制御方式の検討の方が先でした．CSMA/CA による通信方式を 図 11.7 に示します．

　CSMA/CA においても，送信元のコンピュータはまず無線チャネルの使用状

態の把握（Carrier Sense）を行います．その結果，空いている状態であれば直ちに送信します．この場合もコンテンション方式であり，空いていれば誰でもデータを送信できる多重アクセス（Multiple Access）方式です．もし無線チャネルが空いておらず使用中であった場合には，空くまで待機します．この待ち時間の決め方が，CSMA/CA の特徴です．

通常のデータを送信したい場合，**DIFS (Distributed Inter Frame Space)** と呼ばれる長めの時間に各コンピュータで決めたバックオフ時間を加えたフレーム間隔を，待ち時間として空けます．この間 Carrier Sense を続け，他に送信するコンピュータがいないことを確認してからデータを送信します．

衝突が最も起こりやすいのは，無線チャネルが使用中から空き状態に移行した直後であると考えられます．空き状態を待つ者がいくつもあった場合，空いた瞬間に皆が一斉に送信し始めることが起こり得るからです．そこでバックオフ時間をランダムな値とすることにより，同時にデータを送信する衝突を回避（Collision Avoidance）しようとしています．

またデータに対する ACK を送信したい場合，**SIFS (Short Inter Frame Space)** と呼ばれる短めのフレーム間隔を待ち時間として用います．フレーム間隔が短いということは，通常データに比べて優先度が高いということを意味します．つまり ACK は通常データより優先度を高く扱う仕組みとなっているわけですね．

このようにして CSMA/CA では，簡単な制御で衝突を極力少なくする工夫を行っています．ただしフレーム間隔を空け待ち時間を入れていることにより，実際にデータを伝送できる通信速度は低くなり，通信効率が悪くなります．

CSMA/CA は，近年広く利用されるようになってきた無線 LAN において用いられている制御方式です．無線 LAN の詳細は次章で説明します．

第 11 章の章末問題

問題 1　Ethernet で用いられている CSMA/CD 方式は，何という方式名の略称か，元の英語を書け．また，この方式について，以下の言葉を使って簡単に説明せよ．

搬送波，衝突，バックオフ時間，再送信

問題 2　無線 LAN においては CSMA/CD は用いられていない．これは何故か．また，代わりに何という方式が用いられているか．

第12章
下位層メディアと
ハードウェア

前章では下位層プロトコルの概念的な部分を説明しました．本章は下位層で具体的に用いられるデータリンクとして，イーサネットと無線LANを取り上げて詳しく見ていきます．またみなさんの身近にあるネットワーク機器の種類についても紹介します．

● 本書の内容 ●
イーサネット
無線LAN
ネットワーク機器

12.1 イーサネット

12.1.1 イーサネットの歴史

みなさんが LAN を構築しようと思ったとき，使う可能性が最も高いものはイーサネットでしょう．イーサネットは，元々は会社が製品として作ったネットワークでした．具体的には，1973 年にゼロックス（**Xerox**）社の **PARC** (**Palo Alto Research Center**) という研究所において作られたといわれています．そしてゼロックス社とインテル（**Intel**）社，旧デック（**DEC**）社（コンパック（Compaq）社が買収，さらに HP 社が買収）により 1980 年に最初のイーサネット規格が発表されました．その後，IEEE802 委員会により標準化が進み，**IEEE802.3** 仕様という規格となっています．

イーサネットは，これまで数多く生まれてきた LAN の中で，競争に勝ち残り使われてきました．イーサネットが勝ち残った要因としては，まずそのシンプルな制御方式ということが挙げられると思います．基本的には CSMA/CD 方式で動作し，トークンなどを用いる方式と比較して制御が簡単であるため，通信機器のハードウェアやデバイスドライバなどのソフトウェアが構築しやすくなっています．したがって多くの会社が互換性のある通信機器を容易に作成することができ，その結果価格も下がり，売れやすくなってより普及するという好循環となって発展してきました．

12.1.2 イーサネットの種類

イーサネットの通信速度は，時代と共に向上してきています．図 12.1 に代表的なイーサネットの種類を紹介します．

イーサネットの規格は 1 Mbps の 1BASE5 からスタートしていますが，これは普及しませんでした．普及したのは 1983 年に標準化が行われた 10 Mbps の 10BASE5 からです．そして 1990 年に 10BASE-T が，1995 年に 100 Mbps のファストイーサネットの標準規格が発表されました．現在のところ最も広く用いられているのはこのファストイーサネットでしょう．

その後 1998 年には 1 Gbps のギガビットイーサネットの標準規格も発表され，少しずつ利用が増えてきています．その次の 10 Gbps の 10 ギガビットイーサネットは 2002 年に標準化が完了し，サーバ周辺など高速通信が必要なところではすでに使用されています．さらにその次の 40 Gbps のイーサネットの標

名　称	データ伝送速度	通　称	規格品
イーサネット	1 Mbps	802.3e	1BASE5
イーサネット	10 Mbps	802.3	10BASE5
イーサネット	10 Mbps	802.3a	10BASE2
イーサネット	10 Mbps	802.3i	10BASE-T
ファスト・イーサネット	100 Mbps	802.3u	100BASE-TX
ギガビット・イーサネット	1 Gbps	802.3z	1000BASE-SX
ギガビット・イーサネット	1 Gbps	802.3z	1000BASE-LX
ギガビット・イーサネット	1 Gbps	802.3ab	1000BASE-T
10 ギガビット・イーサネット	10 Gbps	802.3ae	10GBASE-LX4

図 12.1　イーサネットの種類

準化が進んでいる状態です．第 2 章でムーアの法則とギルダーの法則を紹介しましたが，イーサネットはまさにこういった法則にしたがって凄いペースで性能向上が進んでいるといえますね．

イーサネットの規格には，このような通信速度による違いの他に，ケーブルとして銅線を使うか光ファイバを使うかといったメディア（媒体）の違いもあります．各方式の規格名には，以下のようにそれぞれ意味があります．

まず最初の数字は通信速度を表し，例えば 1000BASE-T の場合，1000 は 1000 Mbps（1 Gbps）を表します．次の BASE は**ベースバンド伝送方式**であることを表しています．ベースバンド伝送方式は，デジタル信号をデジタルのまま相手に伝送する方式で，アナログ波に変調して伝送する**ブロードバンド伝送方式（変調伝送方式）**と対比されます．

その後ろが数字の場合は，伝送距離を表します．10BASE5 は最大ケーブル長が 500 m，10BASE2 は最大ケーブル長が 185 m です．後ろにアルファベットが付く場合は，伝送媒体の種類を表します．T は**ツイストペアケーブル**，つまりよじった銅線により接続されているということを表します．S や L が後ろに付いた場合は**光ファイバ**です．光ファイバにも種類があるため，S は短波長（Short Wavelength）レーザ，L は長波長（Long Wavelength）レーザを使用したものであることを表しています．

メディアの違いに関しては，一般に以下のような傾向があると観察されます．次世代の高速なイーサネットとして製品がまず登場するのは，光ファイバです．光ファイバの方が高速化しやすいのですが，一般ユーザにとって光ファイバは，あまり使いやすいものではありません．曲げたり束ねたりしにくく，またケーブル自体の値段も高いです．したがって光ファイバの製品しか存在しないうちは，その規格はあまり広く普及しないのですが，やがて同じ通信速度でツイストペアの銅線を使う製品が出てくると，一気に普及します．現在どの速度のものまで標準化が完了しているかということに加え，どのような製品が普及しているかという点にも注目すると，イーサネットの進歩は現在どの段階であるかよくわかります．

イーサネットのトポロジは，当初の 10BASE5 ではバス型でした．その後 10BASE2 ではリング型となり，10BASE-T からはスター型となりました．それ以降のイーサネットは，基本的にスター型の構成となっています．ただし同じスター型でも，接続に用いられる機器がハブからスイッチングハブと呼ばれるものへ進化しています．スイッチングハブについては後述します．

12.1.3 イーサネットのフレームフォーマット

イーサネットのフレームフォーマットを 図 12.2 に示します．厳密にはイーサネットには二つのフレームフォーマットがあります．一つはゼロックス社などが考案したオリジナルのイーサネットのフレームフォーマットであり，開発した 3 社（デック社，インテル社，ゼロックス社）の頭文字を取って **DIX イーサネット** と呼ばれています．もう一つは IEEE802 委員会で標準化が行われた **IEEE802.3 イーサネット** です．この両者はフレームヘッダなどが異なりますが，混在して使うことができるように工夫されています．

どちらのタイプの場合も，最も重要な情報は送信元 MAC アドレスと宛先 MAC アドレス，そして実際に送信する中身が入るデータフィールドです．MAC アドレスはどちらも 6 オクテットであり，データの長さは，IEEE802.3 イーサネットの方はデータリンク層特有の情報を含む LLC (Logical Link Control) と SNAP (Sub-Network Access Protocol) というフィールドも含めてですが，最大 1500 オクテットとなっています．つまり TCP/IP の上位層で長いデータ長のパケットを送ろうとしたとしても，下位層にイーサネットを用いた場合に

12.1 イーサネット

● DIX イーサネットフレームフォーマット

宛先 MAC アドレス (6 オクテット)	送信元 MAC アドレス (6 オクテット)	タイプ (2オクテット)	データ (46〜1500 オクテット)	FCS (4オクテット)

● IEEE802.3 イーサネットフレームフォーマット

宛先 MAC アドレス (6 オクテット)	送信元 MAC アドレス (6 オクテット)	フレーム長 (2オクテット)	LLC (3オクテット)	SNAP (5オクテット)	データ (38〜1492 オクテット)	FCS (4オクテット)

FCS: Frame Check Sequence(フレーム誤り検査)
LLC: Logical Link Control
SNAP: Sub-Network Access Protocol

図 12.2 イーサネットのフレームフォーマット

は，最大 1500 オクテットごとにデータが分断されることになります．またフレームヘッダとしては，送信元と宛先の MAC アドレスがそれぞれ 6 オクテット，DIX イーサネットではタイプ，IEEE802.3 イーサネットではフレーム長のフィールドが 2 オクテット，そして FCS（Frame Check Sequence：フレーム誤り検査）が 4 オクテットで，合計 18 オクテットがイーサネットのフレームヘッダ長となります．

DIX イーサネットのタイプフィールドには，上位層でどのようなプロトコルを用いているかという情報が示されています．例えば IPv4 が用いられている場合には 0x0800，ARP の場合には 0x0806，IPv6 の場合には 0x86DD といった値が入ります．

DIX イーサネットと IEEE802.3 イーサネットが混在しているとき，タイプフィールドとフレーム長のフィールドの違いはどのように見分けるのでしょうか．実はこのフィールドに入る値が 0x0000 から 0x05DC までの場合，すなわち 10 進数で 0 から 1500 までの場合には，これに相当するタイプは定義されていません．つまりこのフィールドが 0x0000 から 0x05DC までであったら，この値は DIX イーサネットのタイプではなく，IEEE802.3 イーサネットのフレーム長を表していると判断することができます．IEEE802.3 イーサネットの場合には，タイプに関する情報はその後ろの SNAP フィールドにおいて，5 オクテットのうち後ろ 2 オクテットで表されています．

12.2 無線 LAN

12.2.1 無線 LAN に対する期待

2000年代に入ってネットワークのデータリンクとして急速に普及してきたものに無線 LAN があります．無線 LAN が普及し始めた背景としては，主に二つの要因があると考えられます．

一つの要因は，1990年代後半で携帯電話が急速に普及し，モバイル通話だけでなくモバイルデータ通信を行うユーザが増えたことです．例えば出先で携帯電話をノート PC などに接続し，インターネットを利用するようなことが多く行われるようになってきました．しかし携帯電話の通信速度は，有線の LAN に比べて桁違いに遅いです．第2世代と呼ばれる携帯電話ではわずか 9.6 Kbps，2001年に登場した NTT ドコモの FOMA を始めとする第3世代携帯電話でも，通常の使用では最大 144 Kbps です．すでに 100 Mbps のファストイーサネットに馴染んでいたユーザにとって，ノート PC の通信回線として使うには，この速度はあまりに遅すぎました．しかも携帯電話経由の通信では，高いパケット料金がかかります．そこで，有線 LAN に比べたらやや遅いが携帯電話に比べたらはるかに速い無線 LAN に対する期待が高まりました．

無線 LAN が普及したもう一つの要因は，有線 LAN の代替手段として利用されるようになってきたことです．オフィスなどにおいてもコンピュータ機器類が増えてくると，有線 LAN を用いた配線は大変になります．またケーブルの引き回しが邪魔であるといったこともあり，アクセスポイントを設置すればケーブルを配線しなくても使える無線 LAN が注目されるようになってきました．無線 LAN の速度も向上し続けており，有線 LAN の代替手段としても，遅すぎるということはなくなってきています．

12.2.2 無線 LAN の種類

無線 LAN は，IEEE802 委員会で標準化作業が進められ，**IEEE802.11** という規格が定められて以降，爆発的に普及し始めました．最大通信速度も，当初は 2 Mbps でしたが，その後 11 Mbps となり，54 Mbps の規格が制定されて，現在はこの速度の製品が一般的になっています．次の標準規格制定も進んでおり，100 Mbps 以上の通信速度になる予定です．本書執筆時点ですでに標準化

12.2 無線 LAN

規格名	使用周波数帯	最大伝送速度	標準完了年
802.11	2.4 GHz/赤外線	1 Mbps/2 Mbps	1997 年
802.11b	2.4 GHz	11 Mbps	1999 年
802.11a	5 GHz	54 Mbps	2002 年
802.11g	2.4 GHz	54 Mbps	2003 年
802.11n	2.4 GHz/5 GHz	100 Mbps 以上	2007 年予定

図 12.3 IEEE802.11 無線 LAN の種類

を先取りする形で 100 Mbps 以上の通信速度を持つ無線 LAN 製品が出ています．IEEE802.11 無線 LAN の種類を図 12.3 に示します．

これらが IEEE802.11 無線 LAN における物理層の規格となっています．現在用いられている無線 LAN 機器は，少なくとも 11 Mbps の 802.11b の通信を行えるものがほとんどです．その後継規格としては 54 Mbps の 802.11a と 802.11g があり，この両者は用いる周波数帯が異なります．802.11b が使っている周波数帯は 2.4 GHz 帯であり，この帯域は**産業科学医療用 (ISM：Industrial Scientific and Medical)** バンドと呼ばれ，医療機器，Bluetooth など他の無線ネットワーク，さらには電子レンジから放出される電磁波などと同じ帯域で非常に混み合っています．そのため 802.11a では 5 GHz 帯を用いたのですが，異なる周波数帯を用いると 802.11b との互換性が低くなります．そこで 802.11a と同じ通信速度，通信方式で 802.11b と同じ周波数帯を用いた 802.11g という規格も制定され，802.11a と共に使われています．

IEEE802.11 無線 LAN に用いられている変調方式は，基本的に互換性を保つ形で新しい規格が制定されてきました．変調方式についての詳しい説明は省きますが，1 Mbps/2 Mbps の 802.11 が **DS-SS (Direct Sequence-Spread Spectrum)** という方式を用いていたのに対し，802.11b では DS-SS 方式からの拡張によって 11 Mbps の伝送速度を実現する **CCK (Complementary Code Keying)** という方式が採り入れられました．そして 802.11g では，これに **OFDM (Orthogonal Frequency Division Multiplexing)** という技術を加えることにより，54 Mbps の伝送速度を実現しています．

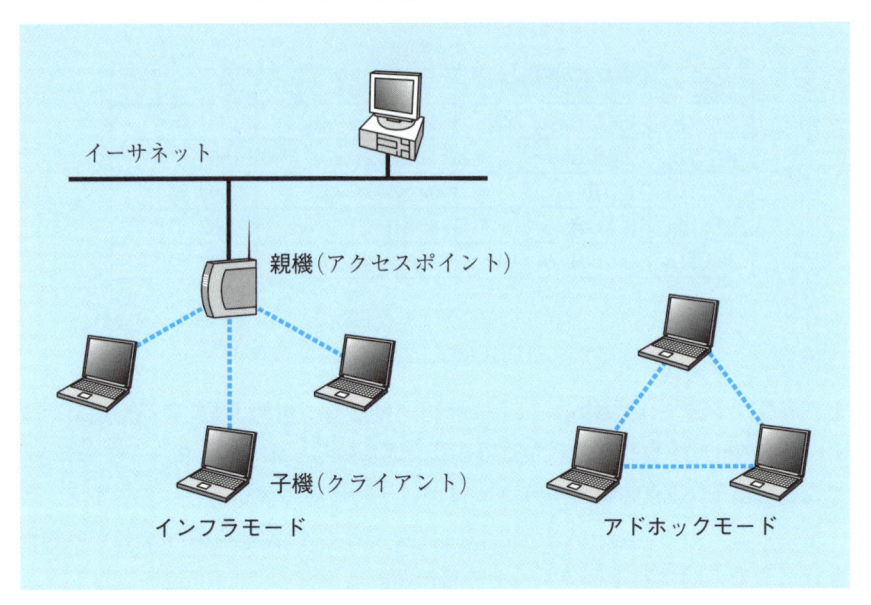

図 12.4　IEEE802.11 無線 LAN の構成

12.2.3　無線 LAN の構成

　無線 LAN の構成を図 12.4 に示します．IEEE802.11 無線 LAN は，無線通信の子機（クライアント端末）である各コンピュータが**アクセスポイント**と呼ばれる親機に接続して通信を行う構成が基本です．この構成を**インフラモード**といいます．また IEEE802.11 無線 LAN では，親機を用いず子機同士で直接通信を行う**アドホックモード**もサポートしています．

　アクセスポイントについても，IEEE802.11 無線 LAN の新しい規格ができるたびに，それをサポートする高機能なものへと進化していきました．当初は DS-SS 方式だけで動作していたものが，802.11b では CCK 方式の機能も加わり，さらに 802.11g では OFDM 方式の機能も含まれるようになりました．これらは使用周波数帯が 2.4 GHz 帯のに対し，802.11a は使用周波数帯が 5 GHz 帯であるため互換性が低いのですが，どちらの周波数帯でも動作できる機能を持つアクセスポイントなども製品として存在します．

12.2 無線 LAN

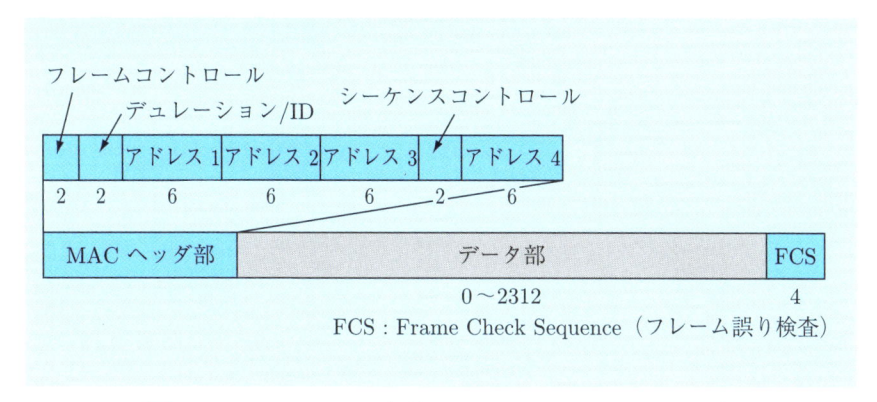

```
フレームコントロール    シーケンスコントロール
   デュレーション/ID
┌──┬──┬────┬────┬────┬──┬────┐
│  │  │アドレス1│アドレス2│アドレス3│  │アドレス4│
├──┴──┴────┴────┴────┴──┴────┤
│ 2  2   6    6    6   2   6  │
├──────────┬─────────────┬──┤
│ MAC ヘッダ部 │  データ部    │FCS│
└──────────┴─────────────┴──┘
                0～2312        4
       FCS : Frame Check Sequence（フレーム誤り検査）
```

図 12.5　IEEE802.11 無線 LAN のフレームフォーマット

12.2.4 無線 LAN のフレームフォーマット

IEEE802.11 無線 LAN では，MAC フレームのフォーマットを規定しています．物理層としてどのような方式を用いていても，MAC フレームフォーマットは共通です．ただし有線のイーサネットと異なり，無線 LAN では制御が少し複雑になるため，複数のフレームタイプが定義されています．

まず MAC フレームには

- マネージメントフレーム
- 制御フレーム
- データフレーム

という 3 種類のフレームが存在します．マネージメントフレームや制御フレームは，無線通信のための準備などを行うためにやり取りされるフレームです．データフレームは文字通りユーザデータを転送するためのフレームで，以下ではデータフレームを紹介します．基本となる MAC フレームフォーマットを図 12.5 に示します．

MAC ヘッダ部には，アドレスを格納できるフィールドが最大 4 つあります．これらはそのフレームがどこからどこへ送られたものであるかによって使われ方が変わってきます．まず図 12.6 に示すように，無線 LAN がインフラモードで使用された場合，クライアント端末からアクセスポイントへ送られたフレーム，逆にアクセスポイントからクライアント端末へ送られたフレーム，そして

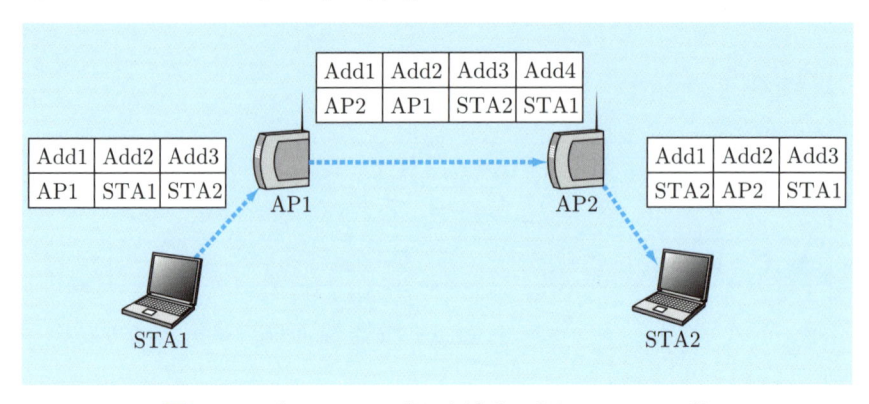

図 12.6　インフラモードにおけるアドレスフィールド

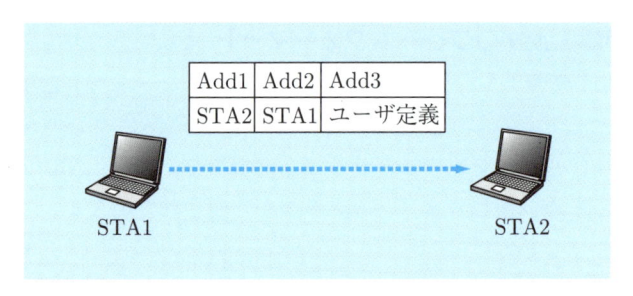

図 12.7　アドホックモードにおけるアドレスフィールド

アクセスポイント間で転送されたフレームが存在します．それぞれの場合に，アドレス 1〜4 に何の MAC アドレスが格納されているかは，図 12.6 に示した通りです．アドレス 1 には直接通信を行っている区間の受信局の MAC アドレスが入り，アドレス 2 には送信局の MAC アドレスが入ります．アドレス 3 と 4 には，元の送信局や受信局の MAC アドレスが入ります．

　一方アドホックモードの場合には，フレームはクライアント端末間で転送されたものということになり，そのときには図 12.7 に示す MAC アドレスがアドレス 1〜3 に格納されます．アドレス 1 は受信局の MAC アドレス，アドレス 2 は送信局の MAC アドレスです．アドレス 3 にはユーザが任意に定義した識別子が入ります．

12.3 ネットワーク機器

12.3.1 コンピュータ側のハードウェア

これまで，ネットワークを構成する具体的な機器類には触れずにネットワークの説明を行ってきました．本節ではネットワークを構成するハードウェア，すなわち通信機器の例を見ていきましょう．

まずコンピュータにおけるネットワークの入り口はネットワークインタフェースと呼ばれます．この入り口に用いられる通信機器が，**NIC（Network Interface Card）**です．具体的には，イーサネットや無線 LAN の NIC などがあります．イーサネットや無線 LAN の NIC は，以前はボードやカードなどの形でコンピュータに取り付けて用いることが多かったですが，最近はコンピュータに内臓された形のものも多くなっています．

複数台のコンピュータの NIC 間が接続されて，ネットワークの最小単位であるデータリンクが構築されます．最小構成のデータリンクは，2 台のコンピュータの NIC 間を接続しただけのものです．イーサネットでは，2 台のコンピュータ間を直接接続して通信を行うことができます．ただしこの場合のイーサネットケーブルは，通常のネットワーク接続に用いるものとは異なり，「**クロスケーブル**」という送信側と受信側の線の位置が逆になっているタイプが必要であることに注意してください．

無線 LAN においても，コンピュータ間をアドホックモードで直接接続してデータリンクを構成することができます．そのようにして，アクセスポイントなどを用いず移動体端末によりその場で構成された無線ネットワークは，**モバイルアドホックネットワーク（MANET：Mobile Ad hoc NETwork）** と呼ばれます．

12.3.2 スイッチングハブ

イーサネットの場合，複数台のコンピュータの NIC 間を接続してデータリンクを構成するために，**スイッチングハブ**と呼ばれる機器を用います．スイッチングハブは**レイヤ 2 スイッチ（2 層スイッチ）** とも呼ばれています．2 層とはデータリンク層のことで，データリンク層のレベルでネットワークを接続しているということを意味しています．ハブはスター型のネットワーク接続機器

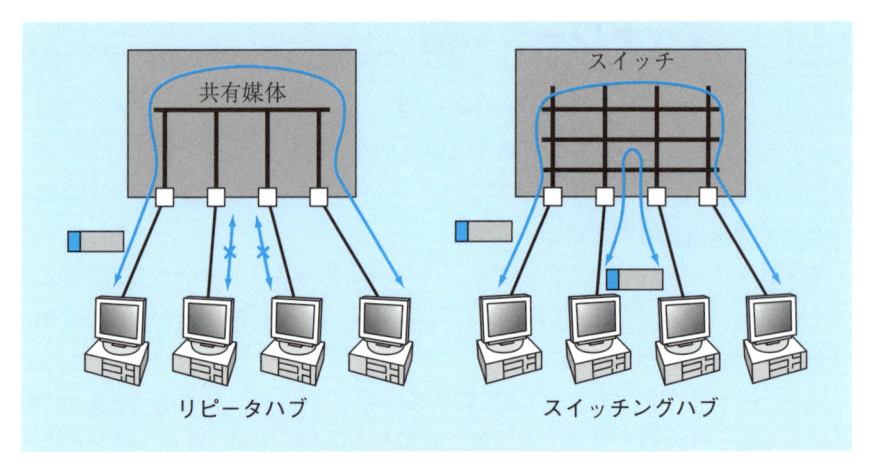

図 12.8 リピータハブとスイッチングハブ

で，各コンピュータからのケーブルが各ポートに接続され，送信元から宛先へとパケットを転送します．

スイッチングハブに対し，スイッチングを行わないハブも存在し，リピータハブと呼ばれます．リピータハブとスイッチングハブの違いを図 12.8 に示します．正確にいうと元々はリピータハブが存在し，その場合にはネットワークの媒体は共有されており，異なる送受信のペアであっても同時には通信できませんでした．それに対しスイッチングハブの登場により，異なる送受信のペアの通信が同時に可能になり，性能が飛躍的に向上しました．現在では，リピータハブはあまり見かけなくなりました．

12.3.3 ルータとアクセスポイント

スイッチングハブは，複数台のコンピュータをつなげて単一のデータリンクを構成するための通信機器です．同一データリンク内のやり取りを行うものなので，スイッチングハブには IP アドレスは理解できません．

それに対し，異なる IP アドレス空間をつなぐ通信機器がルータです．ルータは 3 層，すなわちインターネット層（ネットワーク層）まで理解してパケットを転送します．参考までに，経路制御をファームウェアで高速に行うルータを**レイヤ 3 スイッチ**（3 層スイッチ）などと呼びます．ルータによっては，同一アドレス空間側に関してはスイッチングハブとして働く機能を持っているも

のもあります．

　無線 LAN のアクセスポイントも，ルータと同様の働きをするものが一般的です．複数台のコンピュータを無線 LAN で接続してデータリンクを構成しますが，通常はこのアドレス空間を別のアドレス空間（有線側）につなぐルータとしての役割も果たしています．

第 12 章の章末問題

　問題 1　下位層にイーサネットを用いる場合の IP パケットの MTU (Maximum Transfer Unit) は 1500 オクテットとなる．TCP ヘッダと IP ヘッダがそれぞれ 20 オクテットであった場合，イーサネットフレームヘッダが 18 オクテットであるギガビットイーサネットで通信を行う場合の，スループットの理論上の限界値を求めよ．ただしギガビットイーサネットの回線速度は 1 Gbps である．

　問題 2　イーサネットや IEEE802.11 無線 LAN は，ギルダーの法則を満たしているか．

第13章

ネットワークセキュリティ：基礎理論

前章までに，TCP/IP 階層プロトコルの上位層から下位層までを一通り説明しました．これでインターネットの基本的な仕組みは理解できたのではないかと思います．しかしコンピュータネットワークを考える際に，セキュリティの知識は欠かすことができなくなっています．そこで本章と次章で，ネットワークセキュリティの基礎について解説しましょう．

● 本書の内容 ●

ネットワークセキュリティの概要
対称鍵暗号アルゴリズム
公開鍵暗号アルゴリズム

13.1 ネットワークセキュリティの概要

13.1.1 セキュリティをめぐるさまざまな出来事

インターネットが誕生してから 1990 年代半ばあたりまで，インターネットは基本的に研究者などが情報交換に使う道具でした．その時代には，利用する人間が限定されており社会的影響もそれほど大きくはなかったことから，インターネットのセキュリティが大きな問題になることはありませんでした．最低限の安全性だけが確保されていればよいと考えられ，技術的な流れとしてはむしろ逆に，便利になることを求めてより開放的な環境を目指すという方向でした．インターネットの元々の思想は，コンピュータがお互い密に接続して情報のやり取りを行い，どこにいてもネットワークに繋がったコンピュータを自由に利用することができるようにしようというものでした．

しかし 1990 年代半ば頃に WWW が登場し，またパソコンの急激な普及もあいまって，研究者などではない一般の人々がインターネットを使用するようになった結果，状況が変わっていきました．利用ユーザの数が格段に増えただけでなく，利用目的についても，当初行われていた研究者の情報交換から，より幅広い用途へと広がっていきました．

現在ではインターネットはビジネスに当たり前のように用いられるようになり，一般の人々が利便性を享受していて，社会を支えるインフラ（基盤）としても欠かせないものになりました．電気・ガス・水道・電話などと同じ**ライフライン**の一つとして挙げられるようにもなっています．インターネット社会といわれ，会社でも家庭でも公共施設でもネットワークに接続可能であり，いつでもどこでも情報にアクセスすることが可能になってきています．またネットワーク上を流れるデータについても，元々は研究成果の論文だけだったものが，現在では非常に価値の高いビジネスデータや機密情報，個人のプライバシー情報に至るまでさまざまなものが流れるようになりました．

このような状況になると，インターネットをめぐるセキュリティ上のトラブルは大きな社会的問題を引き起こしてしまいます．機密情報やプライバシー情報のように，漏洩すると問題となる情報が多く扱われるようになっていますし，ネットワークへのアクセスが容易になったために，**情報漏洩**の機会が増大しています．またそのような問題を引き起こそうと，悪いことを考えて実行する人

が出てきます．

最近では，セキュリティに関わる事件が年中ニュースで報道されています．特に 2005 年 4 月に**個人情報保護法**が全面施行されてからは，情報漏洩の問題が社会的に大きく取り上げられるようになりました．実際には何か悪用された事件が起きなくても，例えば顧客情報の漏洩の可能性が発覚しただけでニュースになり，漏洩を起こした企業は大きなダメージを被ります．

ネットワーク上の通信に関しては，盗聴，改竄，**DoS 攻撃**（**Denial of Service**，サーバに大量のデータを送りつけて機能をダウンさせるもの）などの脅威が存在します．インターネットは，不特定多数のユーザが利用する危険な場所であるという認識が広まりました．組織内のネットワークを**イントラネット**として外から容易には入れない環境とし，外のインターネットときっちり区分するような考え方も一般的になってきました．このようにインターネットの開放性は逆転し，現在では便利で開放的なシステムより，安全性の高い環境を構築することの方が優先されるようになっています．そのために不便になってしまった面もありますが，インターネットが発展した結果ですので仕方のないことかもしれません．

セキュリティ対策には様々なレベルや種類が存在します．例えばパスワードをきちんと管理する，簡単に推測されないものにするなどといったことも重要なセキュリティ対策です．セキュリティには非常に幅広い話が含まれていますが，本書ではネットワークセキュリティの基本事項を解説します．ネットワークセキュリティには，**暗号化**（**encryption**）と**認証**（**authentication**）の話が含まれます．この両者は，独立して用いられる場合も組み合わせて用いられる場合もあります．

13.1.2 暗号化と復号

まずは暗号技術の基礎理論から見ていきます．図 13.1 に示すように，暗号化通信は平文（plaintext）のメッセージ M に暗号化関数 E( ) を施し，暗号文（ciphertext）C を作成して通信するものです．復号（decryption）には復号関数 D( ) を用い，元のメッセージ M に戻します．暗号アルゴリズムは，暗号化と復号にどのような関数を用いるか規定します．

ところでみなさんは**シーザー暗号**という言葉を聞いたことがあるでしょうか．

```
平文 M → 暗号化 E → 暗号文 C → 復号 D → 平文 M
```

- $E(M) = C$
- $D(C) = M$
- $D(E(M)) = M$

M：平文(Message), C：暗号文(Ciphertext)
E：暗号化関数(Encipher), D：復号関数(Decipher)

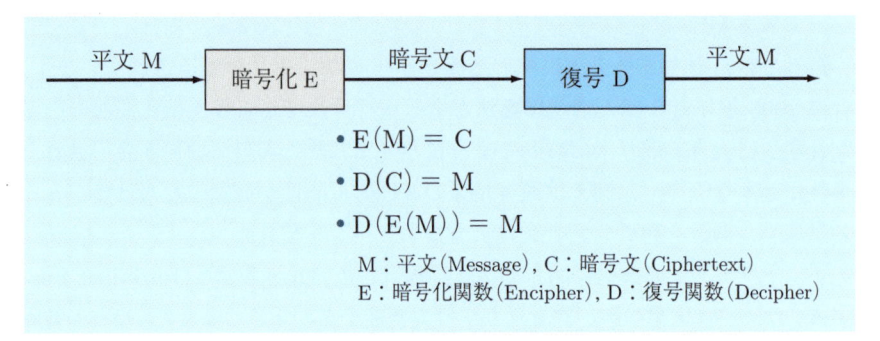

図 13.1　暗号化と復号

　ジュリアス・シーザーが用いたとされ，元の平文からアルファベットをそれぞれ何文字かずらして暗号文を作るという単純な暗号方式です．映画「2001 年宇宙の旅」に出てきたコンピュータの HAL という名前が，大手コンピュータ会社名を 1 文字ずつずらしたシーザー暗号になっているのではないかという説（噂？）もありますね[†]．

　アルファベットは文字数も限られることから，シーザー暗号は容易に解読することが可能です．このように暗号アルゴリズムの仕組みを秘密にしておくことでセキュリティを確保しようという方式を，**制約アルゴリズム（restricted algorithm）**といいます．制約アルゴリズムはセキュリティ上に問題があり，すでに古典的な存在の暗号方式（**古典暗号**）と考えられます．

　これに対し**現代暗号**と呼ばれるものは，アルゴリズムそのものは公開し，鍵 (key) でセキュリティを確保します．アルゴリズムを秘密にしておくことは難しく，その秘密が一度漏れてしまったら，全体が使い物にならなくなってしまうからです．現代暗号では，古典暗号とは逆にアルゴリズムは積極的に公開し，暗号学者がその強度を確認したり弱点がないか調べたりすることによって，高い安全性を保証します．

　鍵の種類には図 13.2 のようなものがあります．暗号化鍵と復号鍵に同じものを使うのが**対称鍵（symmetric key）**で，異なるものを使うのが**非対称鍵（asymmetric key）**です．

[†] 公式には HAL は Heuristicscally programmed ALgorithmic computer の略であるとされているようです．

13.1 ネットワークセキュリティの概要

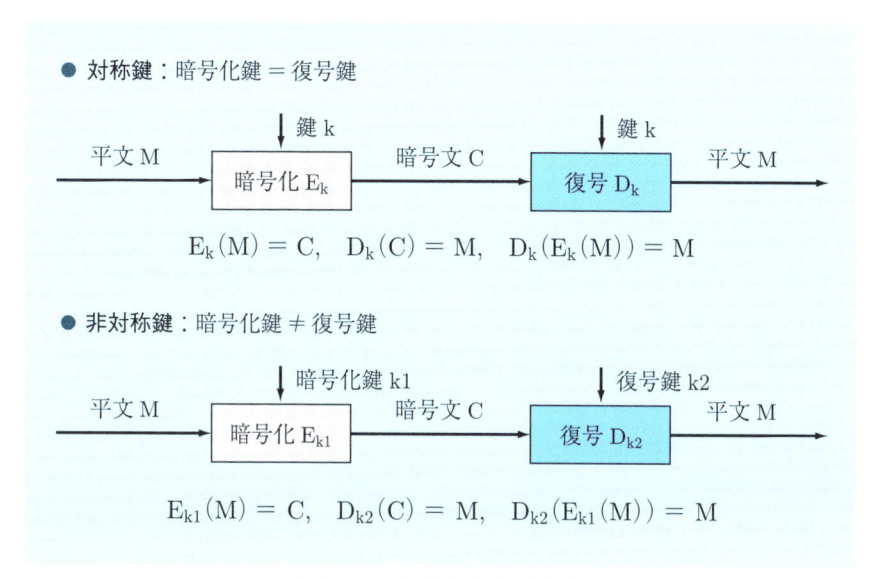

- 対称鍵：暗号化鍵 = 復号鍵

平文 M → 暗号化 E_k （鍵 k）→ 暗号文 C → 復号 D_k （鍵 k）→ 平文 M

$$E_k(M) = C, \quad D_k(C) = M, \quad D_k(E_k(M)) = M$$

- 非対称鍵：暗号化鍵 ≠ 復号鍵

平文 M → 暗号化 E_{k1} （暗号化鍵 k1）→ 暗号文 C → 復号 D_{k2} （復号鍵 k2）→ 平文 M

$$E_{k1}(M) = C, \quad D_{k2}(C) = M, \quad D_{k2}(E_{k1}(M)) = M$$

図 13.2 対称鍵と非対称鍵

13.1.3 秘密鍵と公開鍵

暗号化アルゴリズムの分類としてもう一つ，秘密鍵アルゴリズム（secret-key algorithm）と公開鍵アルゴリズム（public-key algorithm）というものがあります．秘密鍵は文字通り，暗号化と復号を行う者以外に対し鍵を秘密にしておく方式で，公開鍵は鍵の一部を公開できる方式です．一般に秘密鍵は対称鍵であることが多く，暗号化と復号に同じ鍵が用いられます．

秘密鍵方式の暗号化と復号の計算処理は，公開鍵方式に比べると単純で高速に行うことができます．しかし秘密鍵方式を通信の暗号化アルゴリズムとして用いた場合，鍵を第三者に知られないよう受信側へ届けなければなりません．ネットワークを使って鍵を送り盗み読まれてしまったら安全性は損なわれてしまうため，これは結構難しい話なのです．

そこで公開鍵暗号アルゴリズムが考えられました．これは文字通り片方の鍵を公開するというもので，暗号化と復号に異なる鍵を用いる非対称鍵アルゴリズムです．公開してよい鍵であるため，ネットワークを使って送信しても全く問題ありません．

公開鍵アルゴリズムでは，公開してよい**公開鍵**と秘密にしておく**プライベート鍵**（private key）がペアで用いられます．プライベート鍵は秘密にしておく鍵なので秘密鍵と呼ばれることもありますが，秘密鍵暗号アルゴリズムと混同しないよう本書ではプライベート鍵と呼びます．片方の鍵で暗号化されたメッセージはもう一方の鍵でのみ復号することができます．例えば公開鍵で暗号化されたメッセージは，その公開鍵のペアであるプライベート鍵を持つ受信者だけが復号できます．逆方向，つまりプライベート鍵で暗号化したメッセージは，公開鍵で復号することができますが，公開鍵は誰でも手に入れることができるため，これは暗号としては機能しません．その代わりこれは後述する認証機能として用いられます．

各ユーザが自分のプライベート鍵を持ち，これとペアになる公開鍵を相手に渡せば，その公開鍵で暗号化してメッセージを送ってもらうことにより，安全に通信を行うことができます．このように公開鍵アルゴリズムは，ネットワークセキュリティを確保するために最適である重要な暗号化方式です．しかし公開鍵アルゴリズムは，計算処理が複雑で実行に時間がかかるという難点を持っており，秘密鍵暗号と比較して実行時間が大幅に長くなってしまいます．

そこで秘密鍵暗号と組み合わせる方式が一般に用いられます．これは，実際にメッセージの暗号化や復号に用いるのは高速処理可能な秘密鍵暗号で，その鍵をネットワーク経由で相手に渡すために公開鍵暗号で暗号化して送るというものです．鍵は送信したいメッセージに比べると格段に短いため，公開鍵暗号の処理が多少遅くても問題になりません．

13.1.4 認　　証

ネットワークにおけるセキュリティとして，暗号化と並んでもう一つ重要な概念に，認証があります．認証というと，まず最初にパスワード認証が思い浮かぶのではないかと思います．ユーザ ID とパスワードを正しく入力した者を正しいユーザと認証するという方式はシンプルであり，あらゆる環境で認証方式として広く用いられています．

しかし単純なパスワード認証は危険性が高い場合もあります．パスワードが短かい場合などには，**ブルートフォース攻撃**（brute force attack）と呼ばれるパスワードの候補を総当りで探るような攻撃を受ける可能性があります．

13.1 ネットワークセキュリティの概要

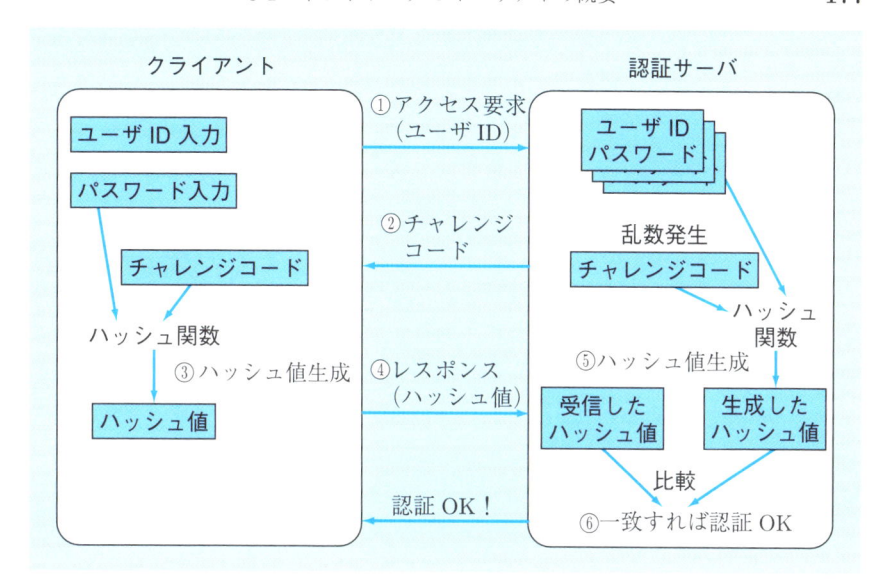

図 13.3　チャレンジ・レスポンス方式

単純な言葉をパスワードとして使っている場合には，ありがちなパスワードを片っ端から試す**辞書攻撃**と呼ばれるものを受ける可能性もあります．またネットワーク上でパスワードが傍受されてしまう危険性もあります．セキュリティに関してはよく，システムの弱点を突くような攻撃より，正規ユーザに成りすましてしまう方が簡単だといわれます．

こういったことから，パスワードをネットワーク上でやり取りしない認証方式が望ましいと考えられます．このような手法として，**チャレンジ・レスポンス（challenge-response）方式**があります．チャレンジ・レスポンス方式においても，図 13.3 に示すようにクライアントとサーバはそれぞれユーザ ID とパスワードを保持しています．しかしパスワードをそのままネットワーク上に送信することはしません．

まずクライアントは，サーバに対してユーザ ID を送り，アクセス要求を出します．これに対しサーバは，チャレンジコードと呼ばれる乱数を発生させてクライアントに送り返します．一方でサーバは，ユーザ ID，パスワードとチャレンジコードとの組み合わせを**ハッシュ関数**に投入し，ハッシュ値を求めます．

ハッシュ関数というのは，任意の長さの入力データ X に対して固定長の出力 Y を生成する一方向性関数です．この関数は逆方向の演算が極めて難しいものであり，すなわち Y を知ったときにこれを出力するような入力 X を見つけることがほぼ不可能であるという性質を持ちます．また X が少しでも変わると出力 Y も変わり，X の変化がわかるようになっています．

チャレンジコードを受け取ったクライアントは，サーバと同じハッシュ関数にユーザ ID，パスワードとチャレンジコードを投入し，同じようにハッシュ値を求めて，この値をサーバへ送り返します．サーバは自分で計算したハッシュ値と比較して同じであるかどうか確認し，同じであれば認証が成功ということになります．ネットワーク上をハッシュ値が送信されることになりますが，ハッシュ関数は逆方向の計算が極めて困難であることから，この値よりパスワードを導き出すことはできません．チャレンジ・レスポンス方式では，このようにしてパスワードの安全性を保っています．

チャレンジ・レスポンス方式を応用したものとして，**ワンタイムパスワード (one-time password) 方式**があります．これは 図 13.4 に示すように，サーバ側，クライアント側ともにハッシュ関数を複数回演算し，クライアントからサーバへ送るレスポンスを毎回変えることにより安全性を向上させるものです．

まずサーバはシーケンス番号 n とシード (乱数) をチャレンジコードとしてクライアントに送ります．サーバはユーザ ID，秘密の鍵であるパスフレーズとシードからハッシュ関数を n 回計算して，これを「パスワード」として保持します．クライアントはユーザ ID，パスフレーズとシードからハッシュ関数を $(n-1)$ 回計算し，これを「ワンタイムパスワード」のレスポンスとしてサーバに送ります．レスポンスを受け取ったサーバはさらに 1 回ハッシュ関数を計算し，この値が保持している「パスワード」と等しければ認証成功です．

サーバ側は次に，レスポンスとして受け取った「ワンタイムパスワード」を新たな「パスワード」として置き換え，シーケンス番号を 1 つ減らします．クライアントは，次回の認証時はハッシュ関数を $(n-2)$ 回計算したものを，「ワンタイムパスワード」のレスポンスとしてサーバへ送ります．同じように，サーバはこれに対しさらに 1 回ハッシュ関数を計算し，サーバの保持する新たな「パスワード」と等しければ認証成功です．シーケンス番号は 0 まで来たら初期化されます．このように演算する回数を毎回 1 つずつ減らして送る値を変え，

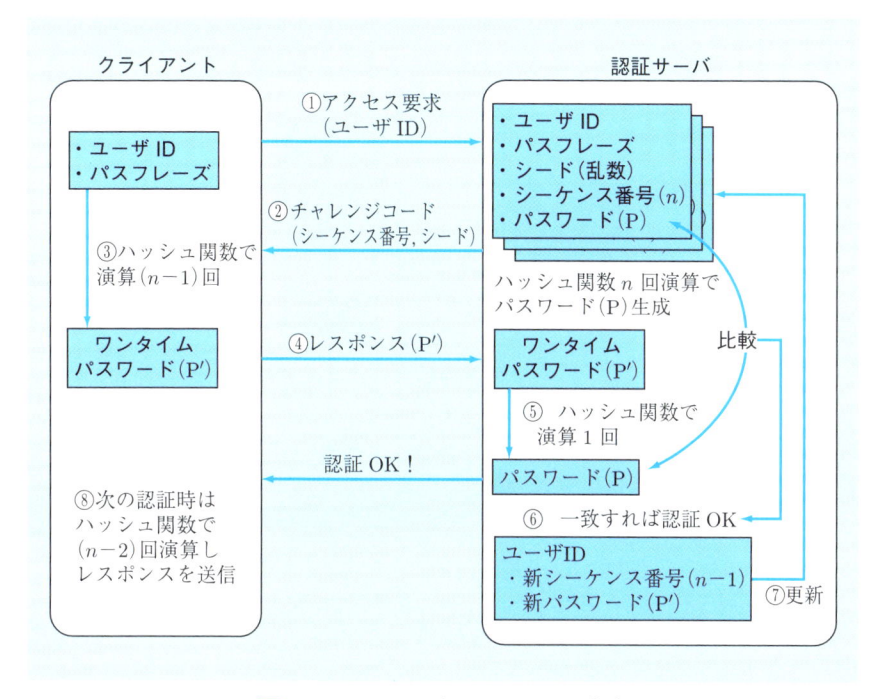

図 13.4 ワンタイムパスワード方式

ワンタイム（使い捨ての）パスワードを使用しているために，パスワードを推測するのが困難になっています．

13.1.5 署　名

認証の一種と考えられるものに，**デジタル署名**による改竄防止があります．あるデータ X とそれを基に導き出されたデータ S があり，S によって「データ X は確かにユーザ A が生成または検証したものである」ということが保証されるとき，S をユーザ A の署名といいます．これはデータ X が少しでも改竄されていた場合には保証が成り立たなくなり，改竄防止に用いられます．署名には対称鍵暗号アルゴリズムを用いることも公開鍵暗号アルゴリズムが用いられることも可能です．

公開鍵暗号によるデジタル署名を次ページの図 13.5 に示します．すなわち平文に対して送信者はハッシュ値を計算して識別子とし，自身のプライベート鍵で暗号化を行い，これを署名として平文に付加して送信します．受信者は署

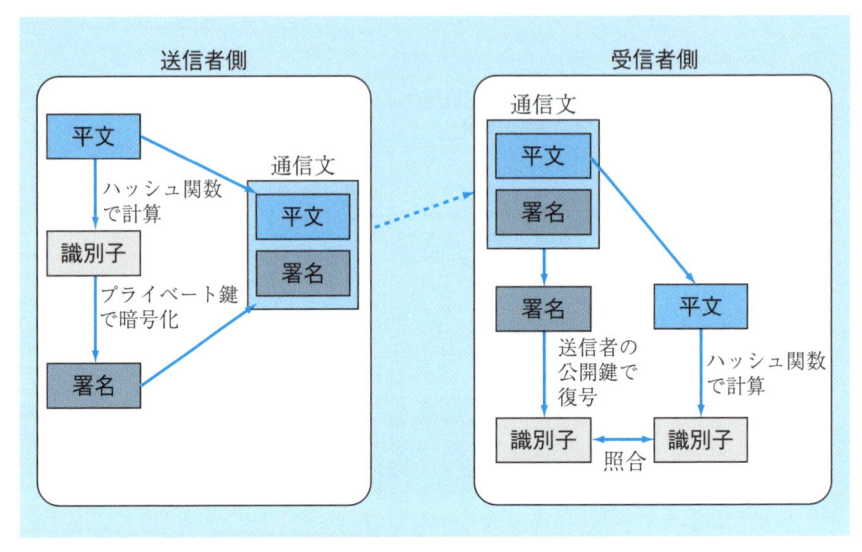

図 13.5 公開鍵暗号によるデジタル署名

名を公開鍵で復号します．正しく復号が行えれば，その結果出てくる値が平文のハッシュ値を計算した識別子と等しくなるはずです．このとき平文は確かに送信者自身が署名して送ったものであり，改竄が行われていないことも保証されます．暗号化と復号に対称鍵を用いることも可能です．

13.2 対称鍵暗号アルゴリズム

13.2.1 DES

対称鍵（秘密鍵）暗号アルゴリズムとして有名なものに，**DES (Data Encryption Standard)** があります．DES は 1977 年，米国政府が**アイ・ビー・エム (IBM)** 社開発のものを公式標準に採用しました．その当初の DES はもはや安全とはいえなくなりましたが，その後改定された DES は現在も用いられています．

DES は平文を 64 ビットのブロック単位で暗号化します．DES の概要を次ページの図 13.6 に示します．56 ビットの長さの鍵を用い，全 19 段のステージからなる処理を行います．そのうち 16 段は毎回パラメータが異なる反復ステージです．

DES は標準として用いられるようになってからかなり長い年月が経ちまし

13.2 対称鍵暗号アルゴリズム

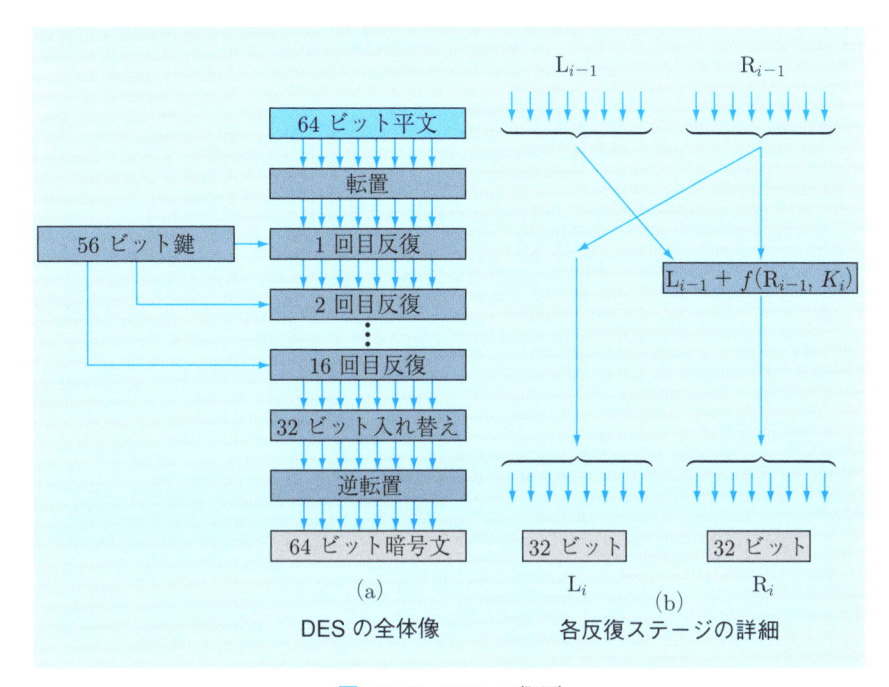

図 13.6 DES の概要

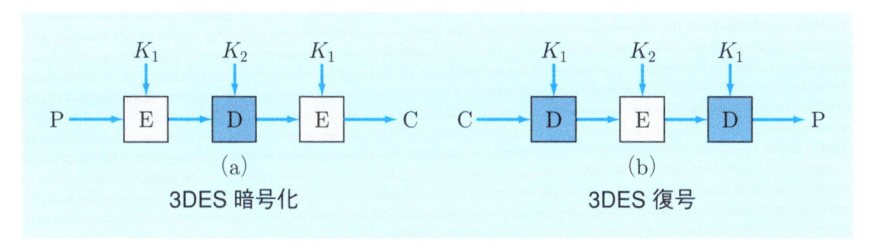

図 13.7 3DES の概要

た．当初は 56 ビットの鍵長があれば安全と思われていましたが，その後信じられないような速度でコンピュータの性能向上が進み，今では 56 ビットの鍵長では不十分と考える人が増えてきました．そこで DES を 3 重に繰り返す **3DES**（**Triple DES**）が広く用いられています．3DES は 図 13.7 に示すように，K_1 と K_2 で計 112 ビットの鍵を使用し，暗号化―復号―暗号化のサイクルを実行します．

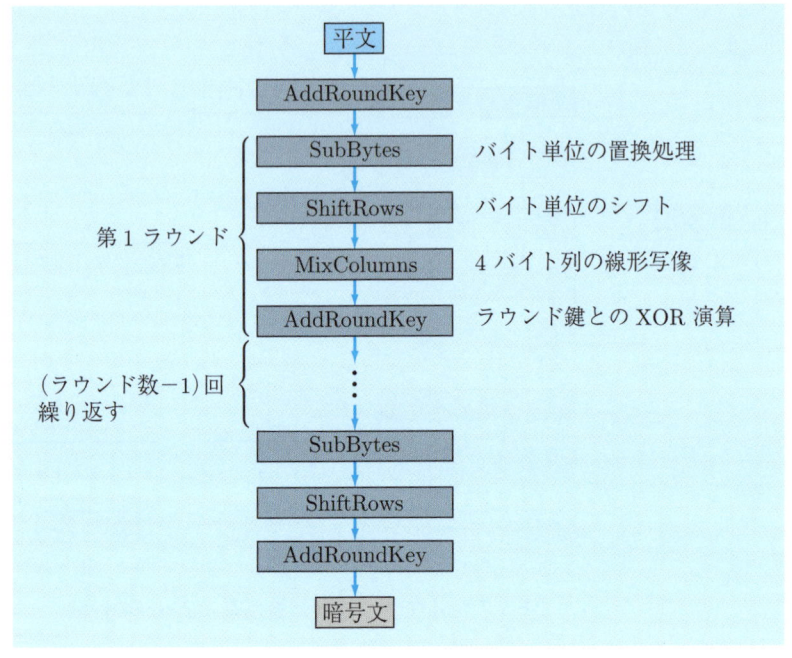

図 13.8 AES の暗号化

DES は対称な計算処理を行うため，暗号化も復号も暗号学的に強度は同等です．何故暗号化—暗号化—暗号化ではなく暗号化—復号—暗号化とするかというと，そのようにすることによって，既存の DES システムと下位互換性を保持することができるからです．つまり $K_1 = K_2$ として暗号化—復号—暗号化を実行すれば，DES しか動作しないシステムでもその鍵を用いて復号することができます．

13.2.2　AES

DES の標準化から 20 年が経ち，そろそろ次世代の暗号アルゴリズムが必要とされてきた 1997 年，**NIST**（米国標準技術研究所）が新しい暗号化標準 **AES**（**Advanced Encryption Standard**）の提案を募集しました．AES の募集条件としては，アルゴリズムは対称ブロック暗号であること，設計は全て公開すること，128, 192, 256 ビットの長さの鍵をサポートすること，ソフトウェアとハードウェアの両方で実装が可能であること，そしてアルゴリズムはライセ

13.2 対称鍵暗号アルゴリズム

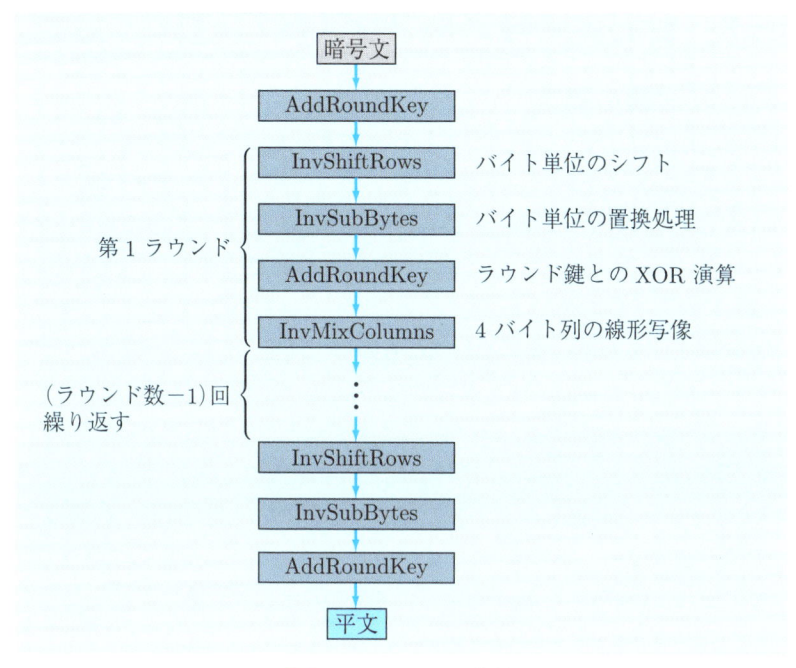

```
                    暗号文
                      ↓
                 AddRoundKey
                      ↓
            ┌─  InvShiftRows     ── バイト単位のシフト
            │        ↓
            │   InvSubBytes      ── バイト単位の置換処理
   第1ラウンド│        ↓
            │   AddRoundKey      ── ラウンド鍵との XOR 演算
            │        ↓
            └─  InvMixColumns    ── 4 バイト列の線形写像
                      ⋮
(ラウンド数−1)回{
  繰り返す
                 InvShiftRows
                      ↓
                 InvSubBytes
                      ↓
                 AddRoundKey
                      ↓
                    平文
```

図 13.9　AES の復号

ンスフリーであることでした．世界中から応募が集まり，1998 年には 5 つの最終候補に絞られました．そして 2000 年には，ベルギーの暗号学者ビンセント・ライメン（**Vincent Rijmen**）とホアン・ダーメン（**Joan Daemen**）による **Rijndael**（ラインダールまたはレインドール）というアルゴリズムが NIST により選択され，翌 2001 年に標準として公開されました．

　AES の暗号化と復号の概要を 図 13.8 と 図 13.9 に示します．暗号化も復号も，ラウンドと呼ばれる一定処理が繰り返し実行されます．繰り返し実行回数は，鍵長が 128 ビットの場合は 10 回，192 ビットの場合は 12 回，256 ビットの場合は 14 回となっています．各ラウンドは，バイト単位の置換処理，バイト単位のシフト，4 バイト列の線形写像，そしてラウンド鍵との XOR（排他的論理和）演算といった処理からなっています．ラウンド鍵は，暗号鍵を元に一定処理を行って長さを伸ばし，これを区切ってラウンドごとに用いていくものです．

13.3 公開鍵暗号アルゴリズム

13.3.1 公開鍵の概念

対称鍵（秘密鍵）暗号は直観的にわかりやすいかと思いますが，公開鍵とは一体どのようなものであるか理解しにくいかもしれません．例えば次のように考えられます．ある金庫があり，鍵を閉めるときには右へ 21 回まわし，開けるときには左へ 21 回まわすとしたら，これは対称鍵で閉められているといえます．これに対して公開鍵とは，鍵を閉めるときには右へ 21 回まわし，開けるときには左へ 7 回まわす，などといったものです．実は $21 = 7 \times 3$ という関係にそのことが隠されており，それを知るのは 21 を公開した本人だけであるとすると，これは 21 が公開鍵，7 がプライベート鍵という形の公開鍵暗号になっていると考えられます．プライベート鍵を所有する本人は 7×3 という演算で簡単に 21 という公開鍵を作成することができますが，逆を行うためには 21 の因数分解が必要です．この例の 21 のように小さい数では簡単に 7 と 3 に因数分解できてしまいますが，数が非常に大きくなると因数分解は難しくなります．これが公開鍵暗号アルゴリズムのポイントです．

13.3.2 RSA

公開鍵暗号アルゴリズムの代表例として，**RSA** があります．RSA は 1978 年，MIT（マサチューセッツ工科大学）の**ロナルド・リベスト**（**Ronald Rivest**），**アディ・シャミア**（**Adi Shamir**），**レオナルド・エーデルマン**（**Leonard Adleman**）により提案されたもので，3 人の頭文字がアルゴリズムの名前になっています．RSA では 1024 ビット（10 進数で 300 桁程度）の数を鍵として利用します．十分な長さの鍵長があれば非常に強固ですが，128 ビットの対称鍵アルゴリズムに匹敵するためには少なくとも 1024 ビットが必要であるといわれています．処理時間が長いため，通常 RSA はメッセージそのものの暗号化ではなく，メッセージを暗号化する対称鍵を暗号化して相手に渡すために用いられます．

RSA はどのようにして暗号化を行っているのか，その概要を見ていきましょう．RSA を知るためには，まず mod (modulo) の世界を知る必要があります．mod の世界は通常の数の世界と異なり，例えば

13.3 公開鍵暗号アルゴリズム

$$3 \times 5 = 15 \equiv 1 (\mathrm{mod}\, 7)$$

$$\therefore 1/3 = 5$$

$$3 \times 4 = 12 \equiv 1 (\mathrm{mod}\, 11)$$

$$\therefore 1/3 = 4$$

などというように，大小性も連続性も成り立ちません．したがって数の世界（「法」と呼ばれます）を隠されてしまうと，1/3 が一体いくつになるのかわからなくなるのです．これが RSA の基礎であるといえます．

RSA を具体的な数によって説明します．もちろん実際にはこのような小さな数では暗号として役に立ちませんが，そのまま数を大きくして用いればよいので，概念の理解には役に立つでしょう．

例えば二つの素数 7 と 11 をプライベート鍵とし，7 と 11 の積 77 を公開鍵の一つとします．ここで，ある数を $(7-1) \times (11-1)$ 回掛け合わせると，mod 77 の世界で 1 となります．このような回数を導く関数は**オイラー関数**と呼ばれています．ただしこの関数はオイラーが 1761 年に提唱する以前に，和算家の**久留島義太**（？〜1757）が発見していたという話もあります．

この例の場合，平文を 3 とすると

$$3^{(7-1) \times (11-1)} = 3^{60} \equiv 1 (\mathrm{mod}\, 77)$$

となります．

次に 60 と互いに素な数，例えば 13 をもう一つの公開鍵とします．そうすると暗号化は以下の式で行われます．

$$3^{13} = 77 \times 20705 + 38 \equiv 38 (\mathrm{mod}\, 77)$$

暗号文は 38 となります．

復号には，「mod 60 の世界」で 13 の逆数である 37 を使用します．このような数は容易に見つかり，

$$13 \times 37 = 481 \equiv 1 (\mathrm{mod}\, 60)$$

となっています．復号は以下の式で計算されます．

$$38^{37} = (3^{13})^{37} = 3^{13 \times 37} = 3^{481} = 3^{60 \times 8 + 1} = (3^8)^{60} \times 3 \equiv 3 \pmod{77}$$

「mod 60 の世界」であることを知っていればこの計算は容易に行えますが，そのことを知るためには 77 の因数分解が必要です．因数分解は数が大きくなると困難であることから，37 はプライベート鍵として機能します．これが RSA の原理です．

RSA のアルゴリズムの概要を以下にまとめます．具体的な例を当てはめながら考えるとわかりやすいでしょう．

> **RSA のアルゴリズム**
> (1) 2 つの大きな素数 p と q を選択（一般に 1024 ビット）．
> (2) $n = p \times q$ と $z = (p-1) \times (q-1)$ を計算．
> (3) $\mod z$ の世界で z と互いに素な数を見つけ，e とする．
> (4) $e \times d \equiv 1 (\mod z)$ を満たす d を見つける．

上記の数を用い，暗号化と復号の手順は以下の通りです．

> - 公開鍵：(e, n)，プライベート鍵：(d, p, q)
> - 暗号化：$P^e \equiv C (\mod n)$
> - 復号：$C^d = P^{ed} \equiv P (\mod n)$

第 13 章の章末問題

問題 1　秘密鍵暗号方式と公開鍵暗号方式を比較し，それぞれの利点と欠点を述べよ．

問題 2　RSA アルゴリズムについて，具体的な数を用いてその仕組みを説明せよ．

第14章

ネットワークセキュリティ：
応用プロトコル

前章ではセキュリティの概念や基礎理論の知識を解説しました．本章はその応用編として，IPsecや無線LANにおけるセキュリティプロトコルを紹介します．

● 本書の内容 ●
セキュリティプロトコル
インターネット層のセキュリティプロトコル：IPsec
無線LANのセキュリティ規格

14.1 セキュリティプロトコル

14.1.1 階層プロトコルモデルとセキュリティプロトコル

　本章では暗号化や認証の技術が，実際のネットワークのシステムでどのように応用されているか見ていきましょう．まずは，これまで勉強してきた階層プロトコルの各層において，それぞれどのようなセキュリティプロトコルとして応用されているのか紹介します．図 14.1 は階層プロトコルモデルと，各階層におけるセキュリティプロトコル例です．基本的に上位層のセキュリティプロトコルは特定アプリケーション向け，下位層は汎用の通信処理向けということになります．

　セキュリティに対して，パフォーマンス（性能）や利便性は，**トレードオフ**の関係にあるといえます．トレードオフとは，二つの事柄が背反の状態にあり，どちらかを重視すればどちらかが疎かになるというものです．このため，セキュリティプロトコルについては，どのような安全性がどこまで必要であるかを明確にすることが重要です．その上でセキュリティプロトコルの中から適切なものを選択するべきであると考えられます．基本的に，重要なデータの通信を行う場合や，盗聴，改竄されやすい環境における通信には，暗号化などのセキュリティ対策が必須となってきます．

OSI 参照モデル	TCP/IP 階層モデル	セキュリティプロトコル	
アプリケーション層	アプリケーション層	S/MIME, PGP SSH	← メール，遠隔ログイン等の暗号化
プレゼンテーション層			
セッション層			
トランスポート層	トランスポート層	SSL/TSL	← Web 等の暗号化
ネットワーク層	インターネット層	IPsec	← IP パケット暗号化
データリンク層	ネットワークインタフェース層	WEP, WPA	← 無線 LAN 暗号化
物理層			

図 14.1　階層プロトコルモデルとセキュリティプロトコル例

14.1.2 各層におけるセキュリティプロトコル

アプリケーション層では，各アプリケーションに特化したセキュリティプロトコルが用いられています．例えば電子メールの暗号化方式として **S/MIME (Secure MIME)** や **PGP (Pretty Good Privacy)** が知られています．あるいは遠隔ログインを暗号化するものとして **SSH (Secure Shell)** が用いられています．これらのセキュリティはアプリケーションと一体化しているため，基本的には他のアプリケーションを暗号化したりするものではありません．

次にトランスポート層では，**SSL/TLS (Secure Socket Layer/Transport Layer Security)** というセキュリティプロトコルが存在します．SSL/TLSによりトランスポート層での暗号化，つまり各コネクションのポートごとに暗号化を行うことができます．この場合にはアプリケーションと一体化したものというわけではありませんが，アプリケーション層のすぐ下における処理であるため，アプリケーションがこのプロトコルに対応したものでなければ利用することができません．利用されているアプリケーションとして最も有名なのは WWW，つまりブラウザからの利用です．ブラウザにおいて URL を入力するときに，スキームとして「http」ではなく「https」と入力したことがあるのではないでしょうか．この「s」は Secure の「s」であり，SSL/TLS を用いて暗号化していることを表しています．ブラウザの右下に鍵のマークが表示されたりしている場合には，これを使い暗号化通信を行っているはずです．

その下のインターネット層には **IPsec (IP Security)** というプロトコルが存在します．IPsec については次節で詳しく紹介します．この層におけるセキュリティプロトコルの場合，アプリケーションとは一体化しておらず，アプリケーションが明示的に対応している必要もありません．送信側ではトランスポート層から降りてきたパケットを暗号化して下位層に送り，また受信側では受け取ったパケットを復号してトランスポート層に渡すだけでよいからです．

最後にネットワークインタフェース層におけるセキュリティプロトコルとしては，**PPTP (Point-to-Point Tunneling Protocol)** などが存在します．有線 LAN の場合は，特に必要があるとき以外はセキュリティプロトコルを使うことはあまりありませんが，無線 LAN の場合には盗聴などが容易であるため，必ずセキュリティプロトコルを使うように推奨されています．無線 LAN のセキュリティプロトコルとしては，**WEP (Wired Equivalent Privacy)**

や **WPA (Wi-Fi Protected Access)** と呼ばれるものがあります．これについても，後述（14.3 節）します．

14.2 インターネット層のセキュリティプロトコル：IPsec

14.2.1 IPsec の概要

IPsec (IP Security) はインターネット層のセキュリティプロトコルです．文字通り，IP パケットの暗号化などを行います．IPsec を用いる場合，トランスポート層から上において特別な処理を行う必要はありません．他の環境は全くそのままで，インターネット層だけを通常の IP から IPsec が加わったものへ置き換えることにより，暗号化された IP パケットが送受信されるようになります．アプリケーションが限定されず，何か特別なことをしなくてもセキュリティが実現できるという点は大きな魅力です．通常使っているコンピュータやネットワークの環境が，そのまま安全なものになるからです．

IPsec には 図 14.2 のように**トンネルモード**と**トランスポートモード**があります．トンネルモードは通信路の途中にある **IPsec ゲートウェイ**（**IPsec ルータ**）が IPsec の暗号化などを行います．つまりサブネットとサブネットの間を IPsec のセキュリティ経路で接続するような形になります．

トンネルモードの場合，送信元コンピュータで付けられた IP ヘッダなども含めパケットが丸ごと暗号化され，新しい IPsec 用の IP ヘッダが付けられて，宛先の IPsec ゲートウェイまで届けられます．宛先の IPsec ゲートウェイでは，付加した IP ヘッダを取り外し，元のパケットの復号を行い，宛先のコンピュータへ届けます．

IPsec のもう一つのモードであるトランスポートモードは，送信元コンピュータと宛先コンピュータの間で IPsec の暗号化などを行います．したがってこの場合は，送信元及び宛先のアドレスを記した IP ヘッダは暗号化されません．この部分を暗号化してしまっては，宛先に届けられなくなるからです．

IPsec の通信路は **SA (Security Association)** と呼ばれています．これは単方向のコネクションとなっており，したがって双方向通信には 2 本の SA が必要となります．

14.2 インターネット層のセキュリティプロトコル：IPsec

●トンネルモード

●トランスポートモード

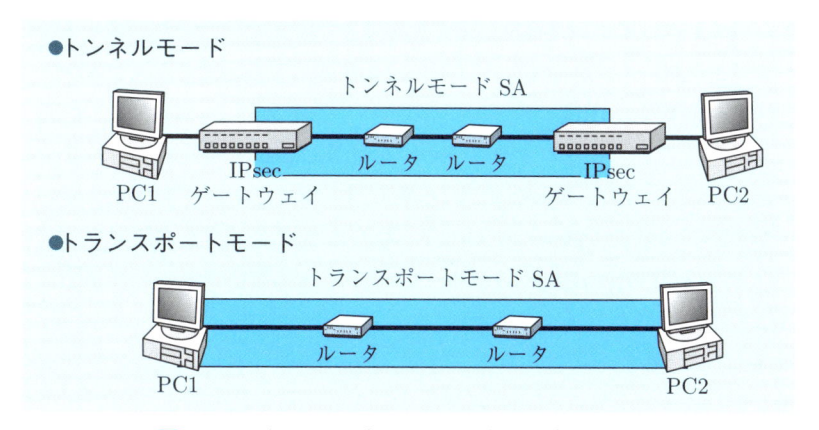

図 14.2 トランスポートモードとトンネルモード

SA には **ESP**（**Encapsulating Security Payload**）と **AH**（**Authentication Header**）の 2 種類があります．ESP は暗号化，認証，完全性保証，アクセス制御などの機能が備わっています．一方 AH は暗号化を行わない SA で，認証，完全性保証，アクセス制御を行います．アクセス制御とは，パケットフィルタリングと呼ばれるもので，一定の条件を満たすパケットだけを通過させるという機能です．例えば 10.0.0.0/8 の送信元から 192.168.0.0/16 宛のパケットしか通過させないといったような設定が行えます．

SA を生成するには，手動による方法と自動生成する方法があります．手動による方法は，文字通り SA の設定を全て管理者が記載していく形です．一方自動生成による方法には，**IKE**（**Internet Key Exchange**）というプロトコルを用います．IKE はデフィー・ヘルマン（**Diffie-Hellman**）というアルゴリズムを用いて対称鍵（秘密鍵）を生成するプロトコルで，詳細は後述（14.2.4 項）します．

14.2.2 IPsec における暗号化と認証

IPsec で用いられる暗号化アルゴリズムは以下のようになっています．まず使用される暗号は対称鍵（秘密鍵）暗号ですが，IPsec の仕様として具体的にどの暗号を用いるといったことは規定されていません．最低条件として DES は動作しなければいけないことになっていますが，実際には DES は用いられないので実装されていない場合が多いです．現実には 3DES などが使われます．

また IPsec は，ブロック単位に暗号化を行い，平文と同じ長さの暗号文を出力するブロック暗号です．IPsec では暗号文を複雑にする工夫として，**CBC (Cipher Block Chaining)** モードと呼ばれる手法を用いています．CBC モードでは，一つ前の暗号化ブロックと XOR を計算してから暗号化を行います．こうすることにより前が異なれば，同一鍵と同一平文であっても異なる暗号文になります．この場合，最初のブロックと XOR を計算する値が必要であり，これには **IV (Initialization Vector)** と呼ばれる乱数値が用いられます．この値は復号に必要になります．

IPsec における認証には，事前共有鍵（Pre-Shared Key）認証，公開鍵暗号認証，デジタル署名認証が利用可能です．事前共有鍵認証は，送信者と受信者があらかじめお互いに共通の鍵を保有しておく，いわゆる対称鍵アルゴリズムの認証方式です．対称鍵の代わりに公開鍵を用いたものが公開鍵暗号認証，デジタル署名を用いて本人確認を行うものがデジタル署名認証です．

IPsec の完全性保証には，**MD5 (Message Digest 5)** や **SHA-1 (Secure Hash Algorithm 1)** と呼ばれるハッシュ関数が利用されます．実際にはこれを応用した鍵付きハッシュ関数が用いられ，**HMAC (Hash-based Message Authentication Code)** などと呼ばれます．一般に，例えば HMAC-SHA-1 などというように，既存のハッシュ関数と組み合わせて用いられます．

IPsec の ESP ヘッダを 図 14.3 に示します．図のように，トランスポートモードでは IP ヘッダは暗号化されず，TCP ヘッダ以降が暗号化されます．ESP ヘッダ内には，セキュリティパラメータインデクス，シーケンスナンバ，IV といった暗号化などの処理に用いる情報が格納されます．一方トンネルモードでは，元の IP ヘッダも含めて暗号化されています．受信側の IPsec ゲートウェイを宛先とした新たな IP ヘッダが付加されており，これによって送信元および宛先 IP アドレスなど元の IP ヘッダに含まれる情報も隠蔽されることになります．

14.2.3 IPsec SA 確立までの手順

IKE により鍵を自動生成する手順は以下の通りです．始めに UDP の 500 番ポートを使い，ネゴシエーション（交渉：negotiation）が開始されます．ネゴシエーションの開始側をイニシエータ（initiator），応答する側をレスポンダ

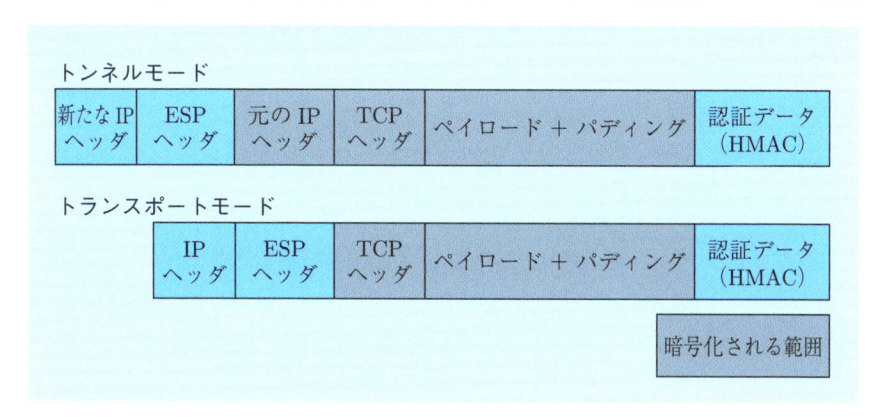

14.2 インターネット層のセキュリティプロトコル：IPsec

図 14.3 IPsec の ESP ヘッダ

(responder) と呼びます．

　IKE は次の二つのフェーズからなっています．フェーズ 1 では，IKE 自身が安全に情報を交換できる SA を確立します．これを **ISAKMP (Internet Security Association and Key Management Protocol) SA** と呼びます．フェーズ 2 ではこの ISAKMP SA を使い，実際に IPsec で使用する SA を確立して暗号鍵などを決定します．

　IKE フェーズ 1 はさらに，以下のような 3 往復の手順からなっています．まず 1 往復目でイニシエータが暗号化方式，ハッシュ関数，鍵の寿命など複数のプロポーザルを提示し，これに対してレスポンダが選択して応答します．次に 2 往復目ではデフィー・ヘルマンアルゴリズムにより，鍵交換が行われます．デフィー・ヘルマンアルゴリズムについては次項で述べます．3 往復目で ID（アドレス等）を交換して相手の確認を行います．例えば事前共有鍵方式の場合，ここで同じパスフレーズが共有されていることを確認します．ここまでできたら，ISAKMP SA の確立が完了です．

　IKE フェーズ 2 では，IPsec で使用する SA を確立します．まずイニシエータが複数の暗号化方式，ハッシュ関数，鍵の寿命などのプロポーザルを提示します．この中からレスポンダが選択して応答し，この段階でやっと IPsec SA が確立されます．

　ISAKMP SA と IPsec SA を分ける理由は以下の通りです．IPsec のコネクションを確立しようと思ったら，基本的には上記の IKE フェーズ 1，フェーズ

2 を行わなければなりません．特にフェーズ 1 は 3 往復のやり取りを行う手順で，次項で述べるデフィー・ヘルマン交換を実行するなど処理が重く，頻繁に行うと性能に影響が出てきます．しかし同じ相手と再度コネクションを確立する場合，2 組目以降の IPsec SA 確立は IKE フェーズ 2 から行うことができ，高速に処理が可能となります．

14.2.4　デフィー・ヘルマンアルゴリズムによる鍵交換

デフィー・ヘルマン（**Diffie-Hellman**）アルゴリズムによる鍵交換は，お互いに適当な数を送り合うことにより対称鍵（秘密鍵）を作り上げ，かつ送り合っている数を傍受したとしてもそこから共通鍵を推測することが極めて困難であるというものです．具体的な例を用いて説明します．

まず A と B が共通の数 107 を保有しているとします．これは公開して構わないものです．A は秘密の乱数 X（例：13）を作り，2 の X 乗を 107 で割った余りを B に送信します．この例では

$$2^{13} \bmod 107 = 60$$

を送信します．一方 B は秘密の乱数 Y（例：7）を作り，2 の Y 乗を 107 で割った余りを A に送信します．例では

$$2^7 \bmod 107 = 21$$

を送信することになります．受信した値と自分で作った乱数から A は，

$$21^{13} \bmod 107 = 70$$

という計算を行います．一方 B も同様に，

$$60^7 \bmod 107 = 70$$

となります．この 70 が共通鍵です．

70 という数自体はお互いに送り合っておらず，またネットワーク上を流れた 60, 21, そして 107 という数だけからこの 70 を導き出すことは極めて困難です．このようにデフィー・ヘルマン交換は，秘密に共有した情報を持っていなかった両者が，やり取りをおこなうことによって安全に共通鍵を作成する手法です．

14.3 無線LANのセキュリティ規格

14.3.1 無線LANにおけるセキュリティ

　有線ネットワークにおいてもセキュリティを考慮する必要がありますが，無線ネットワークは電波を使って通信を行うため，より一層セキュリティが重要になります．電波は広い範囲に飛んでしまい，目的とする相手以外にも容易に傍受される可能性があるからです．有線ネットワークでもケーブルに盗聴端末を接続することにより傍受は可能かもしれませんが，無線ネットワークの場合ほど容易ではありません．

　また無線LANにおいては，基本的にブロードキャスト型で通信が行われている点に注意が必要です．すなわち送信側は電波が届く範囲全ての相手にパケットを送信し，受信側もブロードキャストされているパケットを全て一旦受け取った上で，自分宛のパケット以外を破棄するという通信方式です．つまり特別な装置を使わなくても，他人の通信パケットを容易に傍受できる可能性があります．携帯電話も電波を使った無線ネットワークですが，この場合にはブロードキャスト型の通信が行われているわけではないので，通常の受信機だけで他人の通信を傍受することはまず不可能です．

　第12章で，無線LANはその設置の容易さから，有線LANの代替手段として普及してきていることを説明しました．しかし設置の容易さと裏腹に，セキュリティに関する問題は大きくなっているという点には注意すべきです．特に会社のオフィスなどで使用する場合，外部に盗聴されては困るデータをネットワーク越しに転送している可能性も高いと考えられるので，次項以降で説明する暗号化の利用は必須といえます．

14.3.2 標準暗号化規格：WEP

　IEEE802.11無線LANでは，**WEP (Wired Equivalent Privacy)** と呼ばれる暗号化手法を利用できます．次項で述べるようにWEPはセキュリティ強度上十分ではないといわれていますが，無線LANの傍受に対する危険性を考えると，何も暗号化しない場合に比べたらはるかにましといえるでしょう．後述のように，すでにWEPより安全な無線LANのセキュリティ方式が規定され，少しずつ使われるようになってきていますが，現在使用されているIEEE802.11

第 14 章 ネットワークセキュリティ：応用プロトコル

無線 LAN 機器では，ほとんどの場合少なくとも WEP の機能は備えています．

WEP の暗号化を 図 14.4 に示します．WEP は，平文と暗号化鍵で XOR（Exclusive OR：排他的論理和）を取り暗号化を行う対称鍵（秘密鍵）暗号方式です．元の鍵長は 64 ビットまたは 128 ビットで，この鍵を擬似乱数系列発生器に投入して鍵ストリームを発生させ，これと平文の XOR を取って暗号文とします．擬似乱数の発生には，1987 年に RSA データセキュリティ（RSA Data Security：現 RSA セキュリティ）社のリベストが開発した **RC4**（**Rivest's Cipher 4** あるいは Ron's Code 4）と呼ばれる暗号化アルゴリズムが用いられています．

暗号化鍵のうち 24 ビットは **IV**（**Initialization Vector**）と呼ばれ，これはパケットごとに異なる値を用います．パケットごとに変えることによって，キーストリームが毎回違うものとなります．ただしこの値が受信側でわからなければ，復号を行うことができません．そこで IV は，各パケットに暗号化されずに付加されます．つまり暗号化鍵のうち 24 ビット分は IV としてパケットを傍受すればわかる値であるため，秘密鍵としての働きはなく，送受信側で秘密として共有している実質の鍵長は 40 ビットまたは 104 ビットであることになります．

次に WEP の復号を 図 14.5 に示します．復号の際には，まず受信したパケットから IV を取り出します．これを送信側と共有している秘密鍵と結合して暗号化鍵を作り，送信側で用いたものと同じ擬似乱数系列発生器に投入して，同じ鍵ストリームを作り出します．そしてこの鍵ストリームと受信した暗号文の XOR を取ります．同じ値と 2 度 XOR を計算するとその値がキャンセルされて元に戻るという性質から，これにより復号されて元の平文を取り出すことができます．

14.3.3 WEP の問題点

送信側と受信側でどのように秘密鍵を共有したり更新したりするかについては，WEP では規定していません．現状における使われ方としては，アクセスポイントとそれに接続する全てのクライアント端末が同じ秘密鍵を使用し，更新も滅多に行われないということが多いようです．無線 LAN の電波の傍受が容易であることを考えると，これはあまり安全な状態であるとはいえませんね．しかしアクセスポイントと全てのクライアント端末の鍵を頻繁に更新するのは，

14.3 無線 LAN のセキュリティ規格

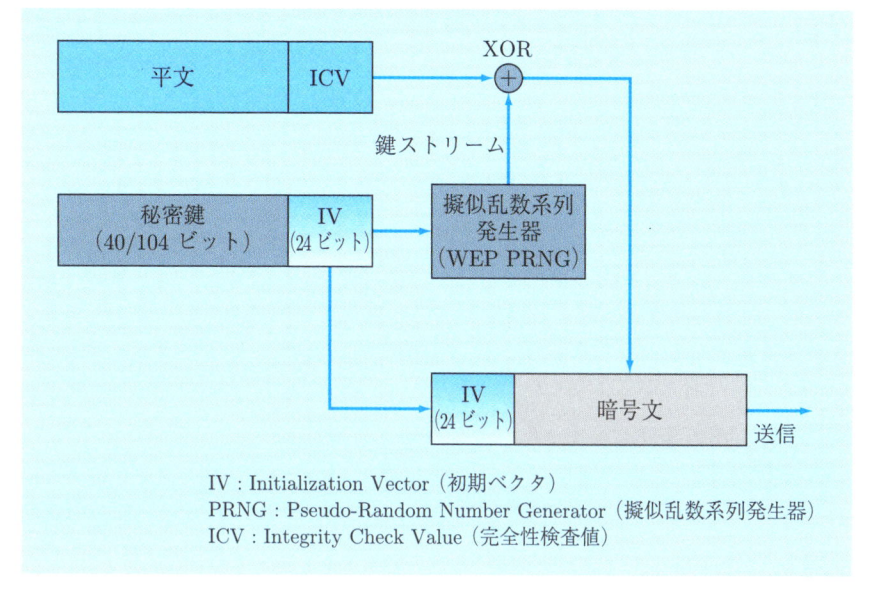

図 14.4 WEP の暗号化

IV : Initialization Vector（初期ベクタ）
PRNG : Pseudo-Random Number Generator（擬似乱数系列発生器）
ICV : Integrity Check Value（完全性検査値）

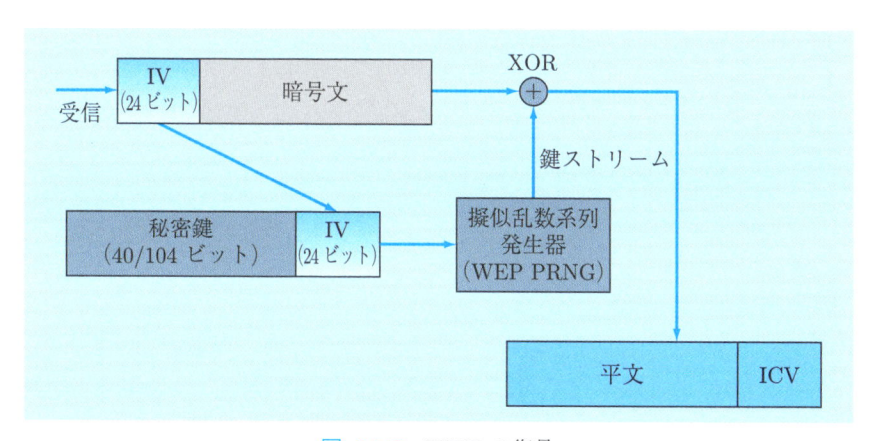

図 14.5 WEP の復号

かなり面倒な作業です．

また WEP では，いくつかの問題点が指摘されています．まず 1 つには，鍵長の短さです．IV を除くと実質の鍵長は 40 ビットまたは 104 ビットであり，鍵長が短いと**ブルートフォース攻撃**を受ける恐れがあります．ブルートフォー

スは「力ずく」という意味で，文字列を総当りで調べていくというものです．40ビットで表現できるビット列の数は2^{40}ですが，実際の無線LAN機器では人間が入力しやすいようにこれを5文字の半角英数字で表現することが多いです．その場合にはアルファベットが大文字と小文字を合わせて52種類，数字が10種類で計62種類の文字列の組み合わせとなり，62^5 = 約9億通りとなります．9億通りの総当りは，現在のコンピュータの能力では数分程度で計算できてしまう可能性があり，もはや安全とはいえません．さらに文字列として人間が覚えやすい意味のある言葉などを使った場合には，辞書の単語を片端から入力して試すいわゆる**辞書攻撃**を受ける可能性があり，安全性はさらに低下します．ただし104ビットの秘密鍵を用いた場合にはビット列の組み合わせが格段に増え，総当りで計算するのは困難になります．

　WEPではまた，同じ鍵ストリームを使ったパケットを収集することによる攻撃が懸念されます．IVが同じだと同じ鍵ストリームになり，IVはパケットに暗号化されずに付加されていることから，同じ鍵ストリームを使ったパケットであるかどうかは容易に判断できます．同じ鍵ストリームを使った暗号化メッセージ同士のXORを取ると，鍵ストリームがキャンセルされて，平文同士のXORを取ったデータを入手することができます．平文同士のXORを取ったデータからは，英数字の組み合わせなどにより，元の平文の候補をある程度推測することが可能となってしまいます．この攻撃を避けるためには同じIVを用いないようにすればよいわけですが，IVは24ビットであるため，2^{24} = 約1677万パケット送信すれば必ず同じIVを使うことになり，ある程度の期間パケットを傍受していれば同じIVのパケットを入手できてしまいます．

　この他にWEPでは，特定のIVを使った場合には暗号文から秘密鍵の一部を解読できてしまうといった報告もあります．このようにWEPはすでに十分な安全性を持っていないといわれ，WEPの次の無線LANセキュリティ規格が作成されて徐々に使われるようになってきています．

14.3.4　IEEE802.11iとTKIP

　WEPの問題点を解決するために，2004年に**IEEE802.11i**という無線LANセキュリティ規格が作られました．IEEE802.11iは，標準暗号化アルゴリズムとして第13章で説明したAESを採用しており，安全性の高いものとなって

14.3 無線 LAN のセキュリティ規格

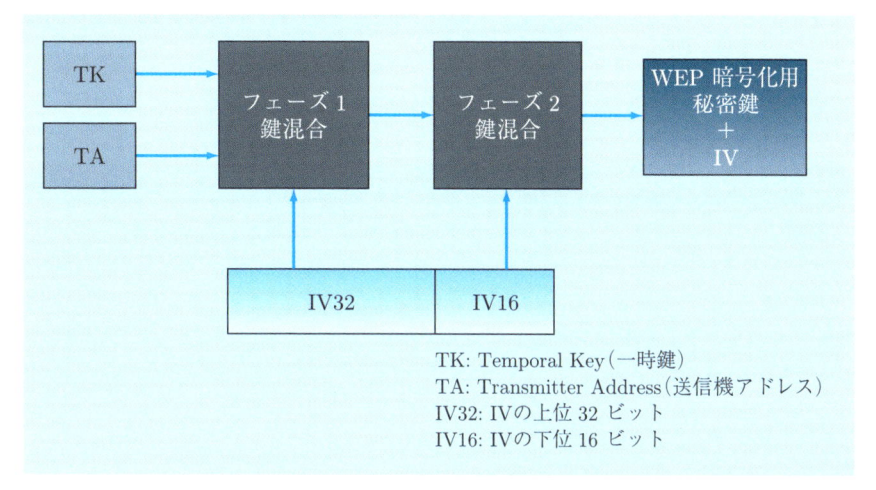

```
TK ──┐
     ├─→ フェーズ1    ─→ フェーズ2   ─→ WEP 暗号化用
TA ──┘   鍵混合           鍵混合          秘密鍵
           ↑                ↑              +
           │                │              IV
          IV32            IV16
```

TK: Temporal Key（一時鍵）
TA: Transmitter Address（送信機アドレス）
IV32: IVの上位 32 ビット
IV16: IVの下位 16 ビット

図 14.6　TKIP による鍵の生成

います．ただしこれを使うためには WEP とは全く異なるハードウェアが必要になるため，新しい規格への以降がスムーズに進むよう，WEP で用いられている RC4 の暗号化ハードウェアを利用しつつ暗号化方式を改良して安全性を高めることも可能な規格が考えられました．これは **TKIP (Temporal Key Integrity Protocol)** と呼ばれます．Wi-Fi アライアンスという組織により TKIP を中心に作られた標準化規格は **WPA (Wi-Fi Protected Access)** と呼ばれ，これは IEEE802.11i のサブセットという位置付けになっています．

TKIP では IV を 48 ビットへと拡張しており，同じ IV が用いられることによる WEP の問題点に対処しています．また図 14.6 に示すように鍵混合のフェーズを設けて，IV と秘密鍵に対し複雑な攪拌処理を施してから RC4 による暗号化を行うことで，安全性を高めています．この処理の出力が，図 14.4 と図 14.5 で用いられる WEP 暗号化用秘密鍵と IV ということになり，既存ハードウェアを利用することができるようになっています．新しいハードウェアを導入した場合には，AES を用いることも可能になります．

さらに TKIP では，あらかじめ共有した秘密鍵を用いるのではなく，アクセスポイントとクライアント端末間でやり取りを行い，自動的に共有秘密鍵を作り出すことも可能です．IEEE802.11i は暗号化と共に，**IEEE802.1X** と呼ばれる認証を用いることができる規格となっています．認証を行った結果，アク

セスポイントとクライアント端末の間には共有秘密鍵ができ上がります．この鍵が 図 14.6 の TK（Temporal Key：一時鍵）であり，この鍵を元に TKIP の暗号鍵生成処理が進められます．

第 14 章の章末問題

問題 1　IPsec において，TCP ヘッダと IP ヘッダは暗号化されるか．トンネルモードとトランスポートモードそれぞれについて答えよ．

問題 2　WEP の鍵として，40 ビットの全くランダムなビット列を用いた場合と，104 ビットを 13 文字の半角英数字で表して用いた場合とでは，どちらの方が暗号強度が強いか．

章末問題解答

第1章

問題1　ENIAC, ABC, EDSAC などのコンピュータに関する解説を検索し，その構築までの経緯を調べよ．どのコンピュータが世界最初という称号にふさわしいと思ったか．

問題2　1.4.4 節を参照し，解答せよ．

問題3　1.5.2 節を参照し，解答せよ．

第2章

問題1　2.2 節を参照し，解答せよ．

問題2　(ア) FTP (SMTP)　(イ) SMTP (FTP)　(ウ) TCP (UDP)　(エ) UDP (TCP)　(オ) ICMP (ARP)　(カ) ARP (ICMP)
各プロトコルの役割については，以降の章で確認せよ．

第3章

問題1　アプリケーションプロトコルは，特定の種類のアプリケーションがネットワークを利用するために必要な手順を提供するものである．

問題2　アプリケーションプロトコルを規定すれば，アプリケーション自体は自由に置き換えが可能となる．

問題3　ユーザがブラウザに http://www.is.ocha.ac.jp/ と記述しアクセスを試みると，ブラウザはその IP アドレスを調べるため DNS に問合わせを行う．DNS がドメイン名 is.ocha.ac.jp に存在する www というホスト名を持つ WWW サーバの IP アドレス 133.65.192.70 をブラウザに回答する．ブラウザは改めて HTTP プロトコルで 133.65.192.70 というアドレスのサーバにアクセスを試み，WWW のデフォルトポート番号 80 番でアクセスが受け付けられる．その結果ユーザのブラウザと WWW サーバが接続され，リクエストに応えて HTML ドキュメントが送信されブラウザがそれを表示する．

第 4 章

問題 1 本章を参照し，解答せよ．
問題 2 本章を参照し，解答せよ．

第 5 章

問題 1 宛先ポート番号，送信元 IP アドレス，プロトコル番号．これに「送信元ポート番号」と「宛先 IP アドレス」を加えた 5 項目情報がコネクションの識別に必要．

問題 2 擬似ヘッダに含まれる「送信元 IP アドレス」，「宛先 IP アドレス」，「プロトコル番号」の 3 項目は，コネクションの識別に必要となる重要な情報であるため，これも加えてチェックを行っている．しかしこれらは IP 層の情報であるため，他の階層の処理にお互い依存しないという階層プロトコルの精神には則していないと考えられる．

第 6 章

問題 1 (ア) 輻輳制御　　(イ) 輻輳ウィンドウ
(ウ) スロースタート/輻輳回避　(エ) フロー制御
(オ) 広告ウィンドウ　　(カ) 小さい

問題 2 (ア) 宛先ポート番号　(イ) 確認応答番号

問題 3 UDP にはオプションフィールドはなく，ヘッダ長は固定サイズであるため．

問題 4 オプションを用いない場合，TCP の最大ウィンドウサイズは 64K バイト．TCP のヘッダにおいてウィンドウサイズのフィールド長が 16 ビットであるため．

第 7 章

問題 1 「connect: Connection refused」などといったエラーで接続が拒否されるであろう．各自実行して確かめよ．

問題 2 ソケットを close する際，それまでに通信を行ったセグメントがネットワーク上から消滅することが保証されるまで「待ち状態」となり，そのソケットが再利用されることを防ぐためである．詳しくは参考文献に挙げた『詳解 TCP/IP〈Vol.1〉プロトコル』などを参照せよ．

問題 3 第 5 章で紹介した netstat コマンドなどを使って確認することができる．コネクションがクローズした直後には，State が ESTABLISHED ではなく TIME_WAIT などと表示される．これが前問の「待ち状態」である．

第8章

問題1 8.1.2 項(詳しくは 8.2 節,8.3 節,8.4 節)を参照し,解答せよ.

問題2 (1) この場合,サブネットマスクは 32 ビットのうち,上位 26 ビットが 1,残り 6 ビットが 0 である.これを 8 ビットずつ区切り 10 進数で表す.
(解答) 255.255.255.192(16 進数なら ffffffc0)

(2) 133.65.192.1 は 2 進数で表すと
10000101 01000001 11000000 00000001
サブネットマスクで区切られたホスト部を変化させていくと,最小値と最大値のアドレスはそれぞれ
10000101 01000001 11000000 00000001
10000101 01000001 11000000 00111110
これらを 10 進数に変換すれば解が求まる.
(解答) 133.65.192.1〜133.65.192.62

問題3 ルータ C の経路制御表は以下の通りとなる.

宛先 IP アドレス	ネクストホップ
10.0.1.0/24	10.0.3.1
10.0.2.0/24	10.0.3.1
10.0.3.0/24	10.0.3.2
10.0.4.0/24	10.0.4.1
192.168.1.0/24	10.0.3.3

第9章

問題1 これはループバックインタフェースを表す.第 8 章で述べたように,127.0.0.1 はループバックアドレスであり,このアドレス宛にパケットを送信すると自分宛に戻ってくる.

問題2 9.3.2 節を参照し,解答せよ.

第10章

問題1 各自確認せよ.

問題2 IPv4 はアドレスが 32 ビットであり,これにより利用できるアドレス数は最大で約 $2^{32} = 43$ 億個となる.この数は現在世界中で利用されているインターネット

に接続されたコンピュータの数に対して，不足するようになってきた．そこで IPv6 では 128 ビットのアドレスを用い約 2^{128} ($= 3.4 \times 10^{38} = 340$ 潤) 個のアドレスを表現できるようにした．これはアドレス不足の問題の解決には十分に大きな数である．

第 11 章

問題 1 Carrier Sense Multiple Access with Collision Detection の略．

送信を行いたいコンピュータは，まず搬送波を調べる．その結果送信可能であれば，どのコンピュータでも送信を行うことができる．送信を行ったコンピュータは衝突が発生していないか，搬送波を調べる．衝突が検出された場合には，直ちに送信をやめ，バックオフ時間待ってから再送信する．

問題 2 11.3.2 項を参照し，解答せよ．

第 12 章

問題 1 $((1500 - 20 - 20)/(1500 + 18)) \times 1000 = 961.8\,\text{Mbps}$

問題 2 図 12.1 と図 12.3 などを見て各自考えよ．

第 13 章

問題 1 13.1.3 項を参照し，解答せよ．
問題 2 13.3.2 項を参照し，解答せよ．

第 14 章

問題 1 IPsec のトンネルモードにおいては，送信元で付加された TCP ヘッダと IP ヘッダは IPsec ゲートウェイで共に暗号化される．一方トランスポートモードの場合には，TCP ヘッダは暗号化されるが，IP ヘッダはパケット転送に用いられるため暗号化されない．

問題 2 40 ビットのランダムなビット列を用いた場合，組み合わせ数は $2^{40} = 1.1 \times 10^{12}$ であるのに対し，13 文字の半角英数字を用いた場合には組み合わせ数は $62^{13} = 2.0 \times 10^{23}$ となり，13 文字の半角英数字の方が圧倒的に強い．ただし文字列に意味のある言葉を用いた場合などには辞書攻撃を受ける可能性があり，暗号強度が低下する．

参 考 文 献

- コンピュータネットワークの教科書
    - 竹下隆史, 村山公保, 荒井透, 苅田幸雄：マスタリング TCP/IP 入門編（第 4 版), オーム社, 2007.
    - kenji aiko：TCP/IP の教科書, データハウス, 2004.
    - 小林峰子：とことんやさしい TCP/IP ネットワーキング, ソフトバンク, 2004.
    - 村山公保：基礎からわかる TCP/IP ネットワークコンピューティング入門, オーム社, 2003.
    - 水野忠則, 相田仁, 東野輝夫, 太田賢, 西垣正勝（訳）：コンピュータネットワーク（第 4 版), 日経 BP, 2003.
      （原著：Andrew S. Tanenbaum: Computer Networks (Fourth Edition), Prentice Hall PTR, 2002.）
    - 橘康雄, 井上尚司（訳）：詳解 TCP/IP〈Vol.1〉プロトコル, ピアソンエデュケーション, 2000.
      （原著：W. Richard Stevens: TCP/IP Illustrated Volume 1: The Protocols, Addison-Wesley Pub, 1994.）
    - 村井純, 楠本博之（訳）：TCP/IP によるネットワーク構築〈Vol.1〉原理・プロトコル・アーキテクチャ（第 4 版), 共立出版, 2002.
      （原著：Douglas E. Comer: Internetworking With TCP/IP Volume 1: Principles, Protocols, and Architecture (Fourth Edition), Prentice Hall, 2000.）
    - 高橋浩和, 伊藤真浩, 三好和人（訳）：Linux ネットワーク管理（第 3 版), オライリージャパン, 2005.
      （原著：Tony Bautts, Terry Dawson, Gregor N. Purdy: Linux Network Administrator's Guide (Third Edition), Oreilly & Associates Inc, 2005.）
    - 山下哲典（訳）：UNIX ネットワーク管理者ハンドブック, ソフトバンク, 2003.
      （原著：Evi Nemeth, Garth Snyder, Scott Seebass, Trent R. Hein: Unix System Administration Handbook (Third Edition), Prentice Hall, 2000.）

参 考 文 献

- ネットワークプログラミング
    - 雪田修一：UNIX ネットワークプログラミング入門, 技術評論社, 2003.
    - 河野清尊：C 言語による UNIX システムプログラミング入門, オーム社, 2003.
    - 塚越一雄：Linux システムコール, 技術評論社, 2000.
    - 篠田陽一（訳）：UNIX ネットワークプログラミング〈Vol.1〉ネットワーク API:ソケットと XTI （第 2 版）, ピアソンエデュケーション, 2000.
    （原著：W. Richard Stevens: Unix Network Programming: Networking APIs: Sockets and XTI (Second Edition), Prentice Hall, 1998.）
    - 村井純, 楠本博之（訳）：TCP/IP によるネットワーク構築〈Vol.3〉クライアントサーバプログラミングとアプリケーション—Linux/POSIX ソケットバージョン, 共立出版, 2003.
    （原著：Douglas E. Comer, David L. Stevens: Internetworking With TCP/IP Volume 3: Client-Server Programming And Applications – Linux/POSIX Sockets Version, Prentice Hall, 2001.）
    - 野村純子, 桑村潤（訳）：Linux ソケットプログラミング—ネットワークプログラミングにおける実践技法, ピアソンエデュケーション, 2002.
    （原著：Sean Walton: Linux Socket Programming, Sams, 2001.）
- ルーティング
    - 友近剛史, 池尻雄一, 小早川 知昭：インターネットルーティング入門 （第 2 版）, 翔泳社, 2006.
    - 近藤邦昭（訳）：BGP—TCP/IP ルーティングとオペレーションの実際, オーム社, 2004.
    （原著：Iljitsch Van Beijnum: BGP, Oreilly & Associates Inc, 2002.）
- イーサネット
    - 石田修, 瀬戸康一郎：10 ギガビット Ethernet 教科書 （改訂版）, インプレス, 2005.
    - インターフェース編集部：Ethernet のしくみとハードウェア設計技法—プロトコルの詳細からネットワーク対応機器の作成まで, CQ 出版, 2006.
    - トランジスタ技術編集部：LAN によるハードウェア制御—TCP/IP とウェブ・ブラウザで電子機器を制御するための基礎から応用まで, CQ 出版, 2005.

参 考 文 献

- 無線LAN
  - 服部武,藤岡雅宣:ワイヤレス・ブロードバンド教科書―高速IPワイヤレス編―(改訂版),インプレス,2006.
  - 守倉正博,久保田周治:802.11高速無線LAN教科書(改訂版),インプレス,2004.
  - 渡辺尚,小野良司,林秀幸(訳):802.11無線ネットワーク管理(第2版),オライリー・ジャパン,2006.
  (原著:Matthew S. Gast: 802.11 Wireless Networks: The Definitive Guide (Second Edition), Oreilly & Associates Inc, 2005.)
- モバイルネットワーク
  - 後藤敏,阪田史郎:モバイルコンピューティング教科書,アスキー,1999.
  - 三宅功,斎藤洋,弓場英明,ユビキタスサービスネットワーク技術,電気通信協会,2003.
- ネットワークセキュリティ
  - 小早川知昭:IPsec徹底入門,翔泳社,2002.
  - 矢次弘志:IPsecによるVPN構築ガイド,技術評論社,2002.
  - 加藤聰彦(訳):無線LANセキュリティ―次世代技術IEEE 802.11iとWPAの実際,構造計画研究所,2006.
  (原著:Jon Edney, William A. Arbaugh: Real 802.11 Security: Wi-Fi Protected Access and 802.11i, Addison-Wesley, 2003.)
  - 根津研介,夏目大(訳):802.11セキュリティ,オライリー・ジャパン,2003.
  (原著:Bruce Potter, Bob Fleck: 802.11 Security, Oreilly & Associates Inc, 2002.)
  - 辻井重男,笠原正雄:情報セキュリティ―暗号,認証,倫理まで―,昭晃堂,2003.
  - 山形浩生(訳):暗号技術大全,ソフトバンク,2003.
  (原著:Bruce Schneier: Applied Cryptography: Protocols, Algorithms, and Source Code in C (Second Edition), John Wiley & Sons Inc, 1995.)

おわりに

　本書は，情報系学科の講義向けに教科書を発刊しているサイエンス社の Computer Science Library の1冊です．このライブラリでは情報科学分野のさまざまな科目をカバーしていますが，コンピュータネットワークの場合に他の科目と少し違うのは，ネットワークに関する入門書は世の中に既に数多く存在するということです．筆者自身も参考にしてきた本は参考文献で紹介させて頂きましたが，その他にもたくさんの書籍が出版されています．そのような状況の中で新たにコンピュータネットワークの本を書くからには，何か他と違うようなものに仕上げたいと考えました．入門書ですので難しい内容は書けませんし，逆に「わかりやすい」ことが特徴の本も数多く出ています．色々考えた結果，やはり Computer Science Library の1冊であることから，講義の教科書としてできるだけ使いやすい入門書にしようと思いました．

　本書は，コンピュータネットワークの講義を教えている筆者が，自分の講義内容をまとめ直したものです．情報系の講義の教科書として適当である本は，そのテーマに関する理論的な内容と実用的な話がある程度バランスよく含まれているものだと思います．ネットワークの場合には，慣れない専門用語がたくさん出てくるため，ある程度はこれを覚えることに労力を注がなければなりません．しかし単に用語を暗記するというだけでなく，ネットワークがどのように構築されているかといった背景にある思想や理論を勉強することも大切だと考えており，そのような内容が読者に伝われば幸いです．本書がコンピュータネットワークについて学びたいという方の手助けになることを願ってやみません．

2007 年 3 月 　　　　　　　　　　　　　　　　　　　　　　　　　　小口 正人

索引

数字

0.0.0.0/0　110
1の補数　69
1の補数和　69
10.0.0.0/8　125
127.0.0.1　110
172.16.0.0/12　125
192.168.0.0/16　125
3-way handshake　74
3DES　181

A

ABC　2
accept　93
ACK　72
Acknowledgement　72
Address Resolution Protocol　102, 121
Adi Shamir　184
Advanced Encryption Standard　182
advertised window　78
AES　182
`AF_INET`　96
`AF_UNIX`　96
AH　191
ALOHA　155
APNIC　125
Apple　9
AppleTalk　9
ARP　102, 121
`arp`　121
ARPA　18
ARPANET　19
AS　130
Asia Pacific Network Information Center　125
asymmetric key　174
Asynchronous Transfer Mode　103, 146

AS番号　131
ATM　103, 146
authentication　173
Authentication Header　191
Autonomous System　130

B

BGP　133
BGPスピーカ　140
bind　92
Border Gateway Protocol　133
broadcast　8
brute force attack　176

C

Carrier Sense Multiple Access　152
Carrier Sense Multiple Access with Collision Avoidance　155
Carrier Sense Multiple Access with Collision Detection　153
CBCモード　192
CCK　163
challenge-response　177
checksum　68
CIDR　107
Cipher Block Chaining　192
circuit switching　6
Classless Inter-Domain Routing　107
Complementary Code Keying　163
congestion avoidance　84
congestion control　83
congestion window　83
connect　93
connection oriented　7
connectionless　7
CSMA/CA　155
CSMA/CD　153
CSMA方式　152

D

Daemon 62
Data Encryption Standard 180
DEC 24, 158
default 110
Denial of Service 173
DES 180
DHCP 123
Diffie-Hellman 191, 194
DIFS 156
`dig` 43
Direct Sequence-Spread Spectrum 163
Distance-Vector 型 132
Distributed Inter Frame Space 156
DIX イーサネット 160
DNS 39
DoD 18
Domain Name System 39
DoS 攻撃 173
DS-SS 163
Dynamic Host Configuration Protocol 123
dynamic routing 112

E

EDSAC 2
Edsger Wybe Dijkstra 133
EGP 131
Encapsulating Security Payload 191
encryption 173
ENIAC 2
entity 10
ESP 191
Ethernet 24
Exterior Gateway Protocol 131
eXternal Data Representation 57

F

File Transfer Protocol 51
FIN 76
Firefox 33

flow control 81
forwarding 103
fragment 113
fragmentation 113
FTP 51
ftp 52
full duplex 146

G

George Gilder 27
Gordon Moore 27
Graham Bell 2

H

half duplex 146
Hash-based Message Authentication Code 192
HMAC 192
`host` 43
hosts 39
HTML 33
HTTP 32
httpd 63
HyperText Markup Language 33
HyperText Transfer Protocol 32

I

IANA 125
IBM 180
ICANN 64, 125
ICMP 102, 122
IEEE 10
IEEE802.1X 199
IEEE802.11 162
IEEE802.11i 198
IEEE802.3 158
IEEE802.3 イーサネット 160
IETF 10
`ifconfig` 120
IGP 131
IKE 191
Industrial Scientific and Medical 163

索引

inetd　63
Initialization Vector　192, 196
Intel　24, 158
Interior Gateway Protocol　131
Internet Assigned Numbers
　Authority　125
Internet Control Message Protocol
　102, 122
Internet Corporation for Assigned
　Names and Numbers　64, 125
Internet Explorer　33
Internet Key Exchange　191
Internet Protocol　102
Internet Security Association and
　Key Management Protocol　193
Internet Service Provider　126
IP　102
IP Security　189, 190
`ipconfig`　121
IPsec　189, 190
IPsec ゲートウェイ　190
IPsec ルータ　190
IPv4　118
IPv6　118
IP アドレス　23, 39
ISAKMP SA　193
ISM　163
ISO　10
ISP　126
IV　192, 196

J

Japan Network Information Center
　125
Joan Daemen　183
JPNIC　125

L

LAN　5
Leonard Adleman　184
Link-State 型　132
listen　93
Local Area Network　5

localhost　110

M

MAC アドレス　23, 120
Maimum Transmission Unit　113
MAN　5
MANET　167
Maximum Segment Size　75, 86, 113
Maximum Transmission Unit　104
MD5　192
Media Access Control Address　23,
　120
Message Digest 5　192
Metropolitan Area Network　5
Microsoft　33
MLT-3 符号化方式　149
Mobile Ad hoc NETwork　167
Mozilla　33
MSS　75, 86, 113
MTU　104, 113
multicast　8

N

NACK　72
Nagle アルゴリズム　85
NAPT　126
NAT　126
Negative Acknowledgement　72
Netscape　33
Netscape Navigator　33
`netstat`　66
Netware　9
Network Address Port Translator
　126
Network Address Translator　126
Network File System　57
Network Interface Card　150, 167
NFS　57
NIC　150, 167
NIST　182
Non Return to Zero　148
NRZ 符号化方式　148
`nslookup`　43

O

OFDM　163
one-time password　178
Open Shortest Path First　133
Operating System　22
Organizationally Unique Identifier　149
Orthogonal Frequency Division Multiplexing　163
OS　22
OSI reference model　10
OSI 参照モデル　10, 13
OSI プロトコル　14
OSPF　133
OUI　149

P

packet switching　6
Palo Alto Research Center　158
PAN　6
PARC　158
Peer to Peer　30
Personal Area Network　6
PGP　189
ping　123
Point-to-Point Tunneling Protocol　189
POP　49
Post Office Protocol　49
PPTP　189
Pretty Good Privacy　189
private key　176
public-key algorithm　175
P2P　30

Q

QoS　118
Quality of Service　118

R

RARP　122
RC4　196
read　93

Remote Procedure Call　57
restricted algorithm　174
Return to Zero　148
Reverse Address Resolution Protocol　122
Rijndael　183
RIP　133
Rivest's Cipher 4　196
Ronald Rivest　184
round-trip time　74
routing　103
Routing Information Protocol　133
routing table　103
RPC　57
RSA　184
RZ 符号化方式　148

S

S/MIME　189
SA　190
SACK　72
Samba　58
secret-key algorithm　175
Secure Hash Algorithm 1　192
Secure MIME　189
Secure Shell　189
Secure Socket Layer/Transport Layer Security　189
Security Association　190
Selective Acknowledgement　72
Sequence Number　72
Server Message Block　58
SHA-1　192
Short Inter Frame Space　156
SIFS　156
Simple Mail Transfer Protocol　47
simplex　146
slow start　83
SMB　58
SMTP　47
SOCK_DGRAM　97
SOCK_STREAM　97

索引

sockaddr_in 97
socket 92
socket interface 90
SSH 189
ssh 56
SSL/TLS 189
static routing 112
Sun Microsystems 58
symmetric key 174
SYN 74
Synchronization 74

T

TCP 60
TCP/IP 9
TCP コネクション 36
TELetypewriter NETwork 54
TELNET 54
telnet 37, 54
telnetd 56, 63
telnet デーモン 56
Temporal Key Integrity Protocol 199
Time To Live 119
TKIP 199
Transmission Control Protocol 60
Triple DES 181
TTL 119
two-army problem 76

U

UDP 60
unicast 8
Uniform Resource Locator 34
URL 34
User Datagram Protocol 60

V

Vincent Rijmen 183

W

WAN 6
well-known port number 63
WEP 189, 195

Wi-Fi Protected Access 190, 199
Wide Area Network 6
window size 78
Wired Equivalent Privacy 189, 195
Wireless LAN 24
World Wide Web 4, 30
WPA 190, 199
write 93
WWW 4, 30

X

XDR 57
Xerox 24, 158

あ 行

アイ・ビー・エム 180
アクセスポイント 164
アップル 9
アディ・シャミア 184
アドホックモード 164
アドレスクラス 105
アプリケーション層 14, 21
暗号化 173

イーサネット 24
インターネット 4
インターネット層 21
インタフェース 10, 103
インテル 24, 27, 158
イントラネット 173
インフラモード 164

ウィンドウ更新通知パケット 82
ウィンドウサイズ 78
ウィンドウプローブ 82
ウェブページ 33
ウェブメール 50
ウェルノウンポート番号 63

遠隔 (リモート) ログイン 54
エンティティ 10
エンドツーエンド 60
エンドポイント 90

オイラー関数 185

往復遅延時間　74

か 行

回線交換　6
確認応答　72

擬似ヘッダ　68

距離ベクトル型　132
ギルダーの法則　27

クライアント・サーバ型　30
グラハム・ベル　2
久留島義太　185
グローバル IP アドレス　125
クロスケーブル　167

経路 MTU　113
経路 MTU 探索　113
経路制御　103
経路制御ドメイン　130
経路制御表　103
経路制御プロトコル　130
経路ベクトル型　133
現代暗号　174

公開鍵　176
公開鍵アルゴリズム　175
広告ウィンドウ　78
高速再転送　80
ゴードン・ムーア　27
国際標準化機構　10
個人情報保護法　173
古典暗号　174
コネクション型　7
コネクションレス型　7
コンテンション方式　152

さ 行

サービス品質　118
最大セグメント長　75, 86, 113
最大転送単位　104, 113
差動マンチェスタ符号化方式　148
サブネット　4
サブネットマスク　105
サブネットマスク長　106

サン・マイクロシステムズ　58
産業科学医療用バンド　163

シーケンス番号　72
シーザー暗号　173
シェル　55
辞書攻撃　177, 198
ジャム信号　154
情報漏洩　172
ジョージ・ギルダー　27
自律システム　130
信頼性　60

スイッチングハブ　167
スーパデーモン　63
スキーム　35
スタティックルーティング　112
スタンドアロン　2
ステートフルプロトコル　58
ステートレスプロトコル　58
スプートニク・ショック　18
スライディングウィンドウ方式　78
スリーウェイハンドシェイク　74
スロースタート　83
スロースタート閾値　84

制御フレーム　165
生存時間　119
静的経路制御　112
制約アルゴリズム　174
セキュアシェル　56
セグメント　76
セッション層　14
ゼロックス　24, 158
選択確認応答　72
全二重通信方式　146

ゾーン　40
ソケットインタフェース　90

た 行

ダイクストラ　133
対称鍵　174
ダイナミックルーティング　112

タイムアウト　72
タグ　33
単方向通信方式　146

チェックサム　68
遅延確認応答　86
チャレンジ・レスポンス方式　177
重複 ACK　79
重複確認応答　79

ツイストペアケーブル　159

データグラム　76
データフレーム　165
データリンク　146
データリンク層　15
デーモン　62
デジタル署名　179
デック　24, 158
デバイスドライバ　22
デファクトスタンダード　10
デフィー・ヘルマン　191
デフィー・ヘルマンアルゴリズム　194
デフォルトルート　110
電子メール　46

動的経路制御　112
トークンパッシング方式　152
トポロジデータベース　136
ドメイン名　40
トランスポート層　15, 21
トランスポートモード　190
トレードオフ　188
トンネルモード　190

な　行

認証　173
ネイグルアルゴリズム　85
ネームサーバ　40
ネクストホップ　108
ネットスケープ　33
ネットワークインタフェース層　21
ネットワーク層　15
ネットワーク部　104

は　行

ハーフクローズ　76
媒体共有型　151
媒体非共有型　151
パケット交換　6
バックオフ時間　154
バックボーンネットワーク　6
ハッシュ関数　177
搬送波　153
半二重通信方式　146

ピア・ツー・ピア　30
光ファイバ　159
ピギーバック　86
非対称鍵　174
否定確認応答　72
秘密鍵アルゴリズム　175
ビンセント・ライメン　183

ファイル転送　51
フォワーディング　103
輻輳ウィンドウ　83
輻輳回避　84
輻輳制御　83
二つの軍隊問題　76
物理層　15
プライベート IP アドレス　125
プライベート鍵　176
ブラウザ　33
プラグ＆プレイ　124
フラグメンテーション　113
フラグメント　113
ブルートフォース攻撃　176, 197
フレーム　76, 146
プレゼンテーション層　14
プレフィックス長　106
フロー制御　81
ブロードキャスト　8
ブロードキャストアドレス　104
ブロードバンド伝送方式　159
ブロック暗号　192
プロトコル　9
プロトコル番号　64

米国標準技術研究所　182
ベースバンド伝送方式　159
変調伝送方式　159

ホアン・ダーメン　183
ポート番号　35, 62
ホスト部　104

　　　ま　行

マイクロソフト　33
マネージメントフレーム　165
マルチキャスト　8
マンチェスタ符号化方式　148
ムーアの法則　26
無限カウント問題　138
無線LAN　24
モバイルアドホックネットワーク　167

　　　や　行

ユニキャスト　8

　　　ら　行

ライフライン　172
ラインダール　183
リゾルバ　40
リピータ　148
リピータハブ　168
領域番号　131
リンク状態型　132
ルータ　2, 103
ルーティング　103
ルーティングテーブル　103
ループバックアドレス　110
レイヤ2スイッチ　167
レイヤ3スイッチ　168
レオナルド・エーデルマン　184
ロナルド・リベスト　184

　　　わ　行

ワンタイムパスワード方式　178

著者略歴

小口 正人
（おぐち　まさと）

1995年　東京大学大学院工学系研究科電子工学専攻
　　　　博士課程修了
　　　　文部省学術情報センター
　　　　（現・国立情報学研究所）講師，
　　　　東京大学生産技術研究所特別研究員，
　　　　中央大学研究開発機構助教授，
　　　　お茶の水女子大学理学部情報科学科助教授
　　　　を経て

現　在　お茶の水女子大学理学部情報科学科教授
　　　　博士（工学）
　　　　専門：ネットワークコンピューティング・
　　　　ミドルウェア

主要著書
改訂三版 ワイヤレス・ブロードバンド教科書
　—高速IPワイヤレス編—
（共著，インプレスR&D，2008）

Computer Science Library-8
コンピュータネットワーク入門
—TCP/IPプロトコル群とセキュリティ—

2007年 4月25日ⓒ	初版発行
2023年 9月25日	初版第11刷発行

著　者　小口正人　　　発行者　森平敏孝
　　　　　　　　　　　印刷者　小宮山恒敏
　　　　　　　　　　　製本者　小西惠介

発行所　株式会社　サイエンス社

〒151-0051　東京都渋谷区千駄ヶ谷1丁目3番25号
営業　☎ (03)5474-8500(代)　振替 00170-7-2387
編集　☎ (03)5474-8600(代)
FAX　☎ (03)5474-8900

印刷　小宮山印刷工業（株）　製本　ブックアート

≪検印省略≫

本書の内容を無断で複写複製することは，著作者および出版社の権利を侵害することがありますので，その場合にはあらかじめ小社あて許諾をお求めください．

ISBN 978-4-7819-1166-3
PRINTED IN JAPAN

サイエンス社のホームページのご案内
https://www.saiensu.co.jp
ご意見・ご要望は
rikei@saiensu.co.jp　まで．

━━━Computer Science Library 増永良文編集━━━

1 コンピュータサイエンス入門[第2版]
　　　　　増永良文著　　2色刷・A5・本体2100円
2 情報理論入門
　　　　　吉田裕亮著　　2色刷・A5・本体1650円
3 プログラミングの基礎
　　　　　浅井健一著　　2色刷・A5・本体2300円
4 C言語による 計算の理論
　　　　　鹿島　亮著　　2色刷・A5・本体2100円
5 暗号のための 代数入門
　　　　　萩田真理子著　2色刷・A5・本体1950円
6 コンピュータアーキテクチャ入門
　　　　　城　和貴著　　2色刷・A5・本体2200円
7 オペレーティングシステム入門
　　　　　並木美太郎著　2色刷・A5・本体1900円
8 コンピュータネットワーク入門
　　　　　小口正人著　　2色刷・A5・本体1950円
9 コンパイラ入門
　　　　　山下義行著　　2色刷・A5・本体2200円
10 システムプログラミング入門
　　　　　渡辺知恵美著　2色刷・A5・本体2200円
11 ヒューマンコンピュータインタラクション入門
　　　　　椎尾一郎著　　2色刷・A5・本体2150円
12 CGとビジュアルコンピューティング入門
　　　　　伊藤貴之著　　2色刷・A5・本体1950円
13 人工知能の基礎
　　　　　小林一郎著　　2色刷・A5・本体2200円
14 データベース入門[第2版]
　　　　　増永良文著　　2色刷・A5・本体1950円
15 メディアリテラシ
　　　　　植田祐子・増永良文共著　2色刷・A5・本体2500円
16 ソフトウェア工学入門
　　　　　鰺坂恒夫著　　2色刷・A5・本体1700円
17 数値計算入門[新訂版]
　　　　　河村哲也著　　2色刷・A5・本体1650円
18 数値シミュレーション入門
　　　　　河村哲也著　　2色刷・A5・本体2000円
別巻1 数値計算入門[C言語版]
　　　　　河村哲也・桑名杏奈共著　2色刷・A5・本体1900円

＊表示価格は全て税抜きです．

━━━━━サイエンス社━━━━━